品牌

黃文博 著

打造創品牌、養品牌、管品牌的實戰力，贏得超額品牌紅利

大學問

各界讚譽		4

作者序		
三十年來，品牌是最被輕視的市場競爭利器		10

前言		
先來拆穿一下國王的新衣		15

第 一 部 | 重新認識

第 一 章	印象才是品牌的基本，品牌打的是印象爭奪戰	24
第 二 章	印象一筆一筆存入帳戶，每個帳戶都獨一無二	38
第 三 章	品名是企業的，品牌是企業向消費者借的	52
第 四 章	企業做的所有事，都是品牌的事	72

第 二 部 | 澈底釐清

第 五 章	形象無法一蹴可及，須逐層爬上「印心想形」	96
第 六 章	品牌管理在管三件事：A 資產、S 策略、C 建構	116
第 七 章	沒有質形力，哪裡來的執行力？	138

第 三 部	經營造就	
第 八 章	經驗、直覺靠邊站，品牌發展需策略引導	164
第 九 章	品牌的路是人為建構的，不是自己走出來的	202
第 十 章	產品是品牌的靈魂，產品現況決定了品牌未來	234

第 四 部	操作控管	
第十一章	完善的品牌倫理，來自於嚴謹的工程學思維	256
第十二章	給品牌一個有誠意的好位置，會有好回報	278

結語		
同理心是深化品牌形象的鑰匙		302

政大企管系特聘教授 別蓮蒂

　　長期代工的歷史背景，讓台灣消費者過去多以性價比（CP值）來檢視企業提供的產品或服務；隨著經濟發展，消費者逐漸重視品牌所代表的服務、可靠度與信任感，以彰顯購買者的品味與生活風格。到近幾年，愈來愈多消費者關注品牌精神的社會意義與理念，希望品牌和我們生活的環境與社會產生更多連結，推動企業實踐社會責任。這不僅是品牌發展的最新趨勢，也是黃文博老師在最新著作《品牌大學問》中的提點。

　　從「性價比消費」轉變為「體驗型消費」，甚至到未來的「理念型消費」，黃文博老師不僅釐清一般人對於品牌觀念的盲點，也提點企業塑造品牌時要謹記的初衷。誠如他在書中所述，「技術幫你做完事情，但觀念讓你做對事情。」無論企業打算要創新品牌、再造品牌或重整品牌，都可以跟著黃文博老師一針見血又不失幽默的陳述方式，深入品牌核心一探究竟。

伊林娛樂副董事長　陳婉若

　　演藝娛樂、時尚精品，是一個「人」的產業。一個人，就可以帶動一連串的品牌價值，例如 CHANEL 的品牌創始人香奈兒女士（Gabrielle Chanel），又或者因摩納哥王妃而聞名於世的愛馬仕凱莉包（Hermès Kelly）。所以，對於從事藝人經紀的我們來說，經營人，也就是在經營品牌。

　　經營「個人品牌」的困難在於，人的變異性很大，因為每個人都有自己的特質，無法像製造業一樣有標準作業流程可遵循。但不變的是，想要塑造一個聚攏人氣、形象優質的個人品牌，從草創、養成到管理，背後都需要精密的人為操作，就像是黃文博老師在新作《品牌大學問》中所強調的，品牌是一項需要長期投注心力的「人因工程」。

　　在這本書中，黃老師集結數十年的實務經驗和研究，將品牌原理剖析得深入淺出，也對品牌管理的步驟做了完整而嚴謹的論述，不僅對企業人操作品牌來說助益很大，對於想要塑造個人品牌者，閱讀後也會很有啟發。

雲朗觀光集團總經理　盛治仁

　　我一直很佩服文博兄在廣告和行銷上的創意和執行力。拜讀了「品牌大學問」後，更為其嚴謹的邏輯思考推論能力和豐富實務經驗所折服，醍醐灌頂，直言破除刻板膚淺印象。「企業做的所有事，都是品牌的事」，品牌的脆弱和珍貴，需要我們時時刻刻捧在手心上，全方位維護。

　　這本書不是讀一次就可以消化的，可以當成工具書經常翻閱，檢視管理印象帳戶，以及盤點五內五外的品牌資產和質形力的現狀等。結語中「善待社會，參與改變」，更是完全切中當前社會需要。真心推薦給所有在乎品牌和永續的企業主和從業人員先瀏覽，再細讀，必有極大助益。

台大經濟系副教授 馮勃翰

　　廣告行銷與品牌管理並不是我的專業。對我來說，品牌是一門人人在談，卻鮮少有人能說清楚的深奧學問。直到我讀了黃文博老師的《品牌大學問》，才豁然開朗。對，品牌的基本構成元素是「印象」，而品牌打的是印象爭奪戰！

　　一邊讀，我一邊回頭檢視自己的工作。我有一個 Podcast 節目叫「影視幕後同學會」，是以經濟學的角度來解析全球娛樂產業。這本書帶我思考，我的節目從內容到宣傳，如何點點滴滴累積每一個帶給聽眾朋友的印象，以及接下來我還可以怎麼做？

　　從「印象」這個基礎觀念出發，黃老師建立一套環環相扣的理論架構，結合他個人身經百戰的豐富實務經驗，帶讀者認識品牌策略背後的原理。表面上看，這本書是針對大企業的品牌操作而寫，因此會談到公司組織架構等課題，但這本書對自媒體和個人品牌經營，同樣非常實用。

上銀科技總經理 蔡惠卿

品牌經營是一個不斷累積的過程，如同黃文博老師在新作《品牌大學問》中所說，養成一個品牌十年不算長，而且沒有特效藥，也無法打生長激素。

上銀科技的 HIWIN 自有品牌，是將「研發」和「創新」當作隱形翅膀，以「智財權」為永續經營的基石，一路耕耘三十多年。如今，HIWIN 以 7,500 萬美元（約新台幣 23 億元）的價值三度榮獲台灣最佳國際品牌 Top 25 肯定。

工業產品要發展品牌（B2B）相較於消費產品（B2C）更為困難，尤其上銀的產品屬精密設備中的關鍵零組件，市場向來由德日主導，耕耘 HIWIN 的過程格外艱辛，所幸最後在 ESG 趨勢發展下推出一系列符合環保標準、省能源的創新產品，找到「HIWIN」品牌的個性、韌性與永續性。

如本書一再強調的，品牌養成是無數印象帳戶的累積，這是一項需要持續投入的長期工程，三十多年前，上銀在經營品牌上只能靠自己摸著石頭過河，如今黃老師這本書問世，以其豐富實務經驗分享出來，非常實用！本書將品牌操作整理成一套有理論、有觀點、可理解、可操作的系統性架構，我相信在閱讀過本書之後，會有更多有志於經營品牌的企業，更懂得如何帶著 MIT（台灣製造）的巧實力在國際市場上發光發熱。

台灣奧美集團創意長　龔大中

喊黃文博「老師」，是因為我真的上過他的課、讀過他的書，當過學生。

稱黃文博「大師」，是因為他在品牌、廣告、創意和策略領域的耕耘鑽研和崇高地位。

乾脆就叫黃文博「老大」好了！《品牌大學問》名字取得傳神，其精深淵博，大概也只有品牌界的老大扛得起來。

感謝有料的大師願意化身無私的老師，將一甲子的功力匯聚丹田醍醐灌頂傳授我輩。聰明如我已經翻卷開練，雖然他自謙警告讀來不會輕鬆寫意，但招牌的有趣文字、巧妙比喻，旁徵博引又深入淺出，倒是讓人如沐春風，流連忘返。

能把品牌這本難唸的經，變成這麼好看的書，黃文博老大，功德無量！

三十年來，
品牌是最被輕視的市場競爭利器

　　台灣經濟高速發展的時期，品牌被遺忘在路邊，成為棄子。並非有人刻意丟包，而是從純生產製造轉移到直面消費者時，企業界誤解了品牌的意義，視之為理所當然地存在，同時行銷傳播界也缺乏審視品牌成因的警覺，太側重技術性操作、忽略探究其本質。自 1990 年代消費力大爆發，業界忙著收割內需經濟勃發的紅利，並且續享代工實力的長尾效益，以至於毫無意願論證品牌，品牌如灰姑娘般飽受冷落。直到 2010 年代因內需經濟漸衰，加上征戰國際的台灣產品不時鎩羽而歸，始發現相較於爭逐有成的經濟體，敗因多為：

　　1. 未用心探索消費者心理。

　　2. 產品單打獨鬥，沒有結合品牌力分進合擊。

　　二十年前我便頻勸企業把品牌從路邊撿回來好好教養，日後

必有大用。無奈言者諄諄、聽者藐藐。但我沒氣餒，雖無法力挽狂瀾於既往，總期望亡羊補牢於當下，於是耗費光陰無算，採擷參與打造企業品牌的實務經驗，加上孤獨地潛心鑽研，終於架構出一套系統性的品牌知識。

由於本書寫得並不雲淡風輕，需要聚精會神才能蝕刻進腦海，因此在你閱讀本書之前，謹請了解以下幾點：

一、品牌真的有大學問！

別小看了它。品牌生成的基底跟心理學息息相關，而且光用消費心理學無法完整闡明，因為即使跟消費脫鉤，它一樣有辦法滲透人心。和產品、價格、服務等顯見的消費因素相比，它堪稱藏在人心深處、深度影響態度與行為的隱形力量。想駕馭這股力量，要先把它當成學問看待。

二、切勿跳過底層邏輯！

包括心理學在內所有稱得上學問的，都要透過實證與論證，梳理出脈絡走向，整理成因果關係，排除例外和意外，探尋通則。所提出的觀點主張唯有符合邏輯嚴謹性，方能廣泛運用於不同情境。因此，我完整鋪陳出形成品牌的前因後果，提出的十二個重要觀念以及做品牌的八個步驟，全數架構在底層邏輯上。你閱讀時可慢，但不可略過。

三、勤看品牌觀念流程圖以便複習！

本書並非襲用國外學說的拼裝書，亦非東拉西扯的故事書。我企圖幫助有心又用功的你，將品牌「認識」起碼升級為「常識」、最好提升為「知識」。因此這本不是那種看完即收的書，建議你擺在工作桌隨時翻查印證。為了方便你複習，我特別在每章結尾處繪製了品牌觀念流程圖，你看了就明白。如果論述邏輯有不通之處，根本難以繪出此圖，請珍惜善用。

四、拋磚引玉以求更上層樓！

關於深究品牌，我的確做了前無古人的事，卻極度期待後有來者。畢竟，無論我多麼認真發展出二十二項獨家創見，畢竟囿於我的主觀，就算有一錘定音之志，但豈敢定於一尊。尚有待各方高手論劍切磋，互相漏氣求進步。懇請有志之士不吝指正，大家一起替台灣品牌爭取出頭天。

我認為做品牌跟做豆腐很像，都看似簡單，其實大有學問。手工豆腐，歷經選豆、浸豆、磨豆、濾漿、煮漿、點滷、成型，似乎不難製作，然而用科學檢視，做豆腐涉及的學問真多，例如破壁技巧、蛋白質熱變性、鹽析反應、凝膠作用、聚沉現象、電荷反應。豆腐職人代代傳承手藝，知其然而不知其所以然，產品

品質因個人悟性與用心而異。導入科學化作業後，道理分明，因果清晰，品質穩定。無庸置疑地，基於科學知識的系統性產製，比較靠譜。

容我提醒企業主，做品牌跟做豆腐一樣，要具備系統性知識，步步「為贏」。一塊豆腐從豆子開始直到成型，製程一旦偷步省時，口感大損。企業主想讓品牌茁壯，絕不可跳過工序而揠苗助長，別讓品牌所受到的待遇還不如一塊豆腐。無論新創打造、重整建構或管理推廣，品牌內含的學問比大家以為的要多很多，企業別再把經營品牌的成敗繫於個人悟性與用心，也別再誤信過於表淺且流於形式的速效課程或輔導。

台灣品牌已經打了太久迷糊仗，別繼續坐視半生不熟的品牌變成雞肋，無法發揮市場競爭力和社會影響力。謹記「只有速成的牌子，沒有速成的品牌」，品牌跟牌子，天差地別，做品牌是精緻工程，成功關鍵一是觀念正確、二是按部就班，你藉由本書吸收正確觀念，雖因內容知識含量高，讀來大概沒辦法輕鬆寫意，但肯定能夠實學實用。

我用十足誠意寫書，獻給企業界當品牌工具書，獻給行銷傳播界當品牌參考書，獻給學術界當品牌教科書。幸虧有天下雜誌出版用全力相挺，不因正統品牌書冷門又厚重而卻步。我要特別感謝《天下雜誌》吳琬瑜和葉雲兩位共同執行長、《天下》出版事業群吳韻儀總編輯，以及全程勞心勞力的方沛晶副總編輯。也

要向推薦本書的幾位好朋友敬表謝忱：政治大學企管系別蓮蒂教授、台灣大哥大林之晨總經理、伊林娛樂陳婉若副董事長、星座專家唐綺陽老師、雲朗觀光集團盛治仁總經理、台灣大學經濟系馮勃翰教授、前台灣世界展望會鄒開蓮董事長、上銀科技蔡惠卿總經理、奧美集團龔大中創意長。

品牌領航員 黃文博

誌於 2023.4.24

先來拆穿一下國王的新衣

從一個習慣水平思考的創意人，到兼修垂直思考的策略，鑽研十年，才確認自己擁有邏輯思惟能力。這段左腦跟右腦打仗的過程，我深切體會一件事，那就是「觀念」太重要了。沒有搞懂策略線性推理的基本觀念，只憑幾手皮毛的技術，做出來的案子充其量僅是執行企劃而已，根本稱不上策略。

一樣的道理，從我開始涉足品牌領域，便堅持對相關的品牌觀念追根究柢，透過三條路線進行澈底探究，第一條路線是「查找既有資訊」，但我一向抱持懷疑論來看待所有資訊，這樣才能運用辯證法，在吸收資訊時不被別人的觀點制約，而能活學活用。

接著第二條路線，「實際操作客戶委託的品牌案」。小自一個標語的修整，大到整個品牌再造工程，一律戒慎恐懼地耗盡心思，因為客戶讓我有機會用實操印證所學，給了我最好的辯證機

會，把第一條路線吸收的資訊轉化為實操經驗，所有交付委託的客戶都是貴人。

然後來到最關鍵，也是一般人基於惰性最容易跳過的第三條路線，「藉由苦思形成觀念」的階段。為什麼要苦思？難道既有資訊不就足夠應付工作所需嗎？反正台灣企業對品牌的認知不深刻，對品牌服務者的要求也欠缺高標準，可以賺錢就好，何苦折磨自己？

這種不求甚解的態度，耽誤了許多企業提振品牌力的機會，有違職業道德。如果連一些基本觀念都無法釐清或懶得搞懂，就算「用功取得資訊」，加上「用力於實務經驗」，只靠兩條路線闖江湖的人，品牌技術員罷了，如何擔當品牌操盤人的重任？

所以，以壓榨腦力的苦思，打通認知脈絡，串連資訊與經驗，一個一個建立起正確的品牌觀念，把對於品牌的認識從零碎的常識層次提昇到系統性的知識層面，再去服務企業或用於自創品牌，非得經歷如此艱苦卓絕的思考精煉過程，此路之外，並無蹊徑。

請聽我勸，技術幫你做完事情，但觀念讓你做對事情。勿抄小路，別找捷徑，扎扎實實地學習觀念，不要繼續在品牌的世界裡打迷糊仗了！

做不做品牌，不再是選項

代工產業、B2B（Bussiness to Bussiness）企業、製造業，普遍認為品牌以現況方式存在就好，不須要特別為品牌做些甚麼。然而，網路時代、短鏈供需，即使跟消費者距離十萬八千里的企業，也沒辦法再隱身於供應鏈的後面，只關心上下游廠商，只負責產品的一小部分，既不需面對社會大眾，更無需在意產品品質與成本控制之外的事。

類似想法，是明顯的時代脫節。包括台灣引以為傲的「隱形冠軍」概念都需要修正。沒錯，處在供應鏈遠端、產品研發與製造能力一級棒的企業，相對於在供應鏈近端的企業是有隱形特性。他甘願當隱形冠軍，品牌於他，只牽涉極少數人，上下游廠商、關聯業界加一加，數百、上千人知道他的好名聲就行，幹嘛要去跟上百萬、千萬的消費者博感情？

但是在網路世界，誰是隱形的？再長的供應鏈，網路一樣一覽無遺，誰都無法躲在供應鏈遠端雲淡風輕地過太平日子。舉例，近年興起的隱形廚房，在餐點供應鏈最遠端替很多供餐品牌服務，萬一餐點出狀況，供餐品牌自然要扛責，可隱形廚房在網路刨根式地搜尋下，躲得掉嗎？你說隱形廚房顧好產品、成本、管理，不必費心營造品牌力，然而一旦出了大事，缺乏品牌力保護的隱形廚房，如同沒了皮膚保護的肉身，抵抗力一定弱。

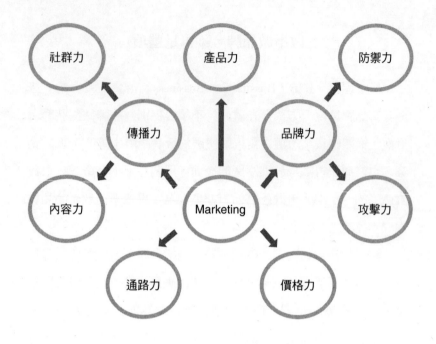

多一層皮膚，保護力差很多

與消費者距離遠的台灣企業很多，他們習慣使用「產品力」、「價格力」、「通路力」這三種能力構成競爭力，認為傳播力帶來的「擦脂抹粉」作用不值得投資，也不覺得需要投資於品牌以建立皮膚般的保護效果。然而，單憑產品、價格、通路這三力，身處難以隱身的新時代，不足以應付時代劇變，狀況不發生則已，一發生必不堪一擊。在現代市場架構優勢生存能力，需靠產品力、價格力、通路力、傳播力和品牌力的整合戰力。

2013 年，半導體業封裝測試巨人——日月光，爆發了高雄廠排放廢水污染河川的事件。廠再怎麼大，技術實力再怎麼強，盈利再怎麼豐厚，也抵擋不住輿論撻伐，企業形象大傷。自此之後，日月光痛定思痛，選擇 ESG（Environmental 環境保護、Social 社會責任、Corporate Governance 公司治理）下重本，鎖定環境、少子化、老齡化的議題，設立環保、慈善、文教三個基金會，火力全開打造此前忽略的品牌力，搭配積極對外傳播，一點一滴贏回企業形象。

這是很激勵人心的例子，一個原本離消費者遠之又遠的科技產業，受創後不再隱身於半導體供應鏈後，決定動用本來就出得起、但以前可能認為沒必要的預算，投入 ESG 領域，逐漸扭轉社會大眾認知的負面形象，讓日月光這個品牌成為企業的新生皮膚。

上銀科技的例子更值得肯定，該企業正值盛世，卻並未關起門來藏在供應鏈遠端過小日子，反而趁勢適時擺脫對產品、價格、通路這三力的過度依賴，明明做的是消費者摸不著頭腦的傳動控制產品，如滾珠螺桿、線性滑軌、工業機器人，但企業連年編列專屬預算推廣品牌，平均佔年營業額 1% 至 1.5%，這個數字應還有大幅成長空間，但持續投入的心態正確。除了各式網路行銷、國內外媒體廣告、CSR（Corporate Social Responsibility 企業社會責任）活動，同時經營者願意走到前台，不畏曝光，凸顯上銀的品牌，養出一層強韌的皮膚，終將大有助益於企業未來。

自以為離消費者很遠的台灣企業，此前還能說：「就算想打造品牌，卻苦於找不到橋接上社會大眾的舞台啊！」其實可用的橋接工具早已出現，像近來蔚為顯學的 CSR、SDGs（Sustainable Development Goals 永續發展目標）、ESG 等倡議風起雲湧，不怕無橋接載體可用，只怕企業不懂得用。

　　蔑視品牌或忽視五力，非但與時代脫節，還會遭到時代遺棄。坦白講，二十一世紀之前，消費型品牌若用了不正確的觀念做品牌，仍可以靠三力的掩護低空掠過；製造業視品牌如雞肋，仍可以靠三力安穩度日。如今，做不做品牌沒得選擇，無論哪一種屬性的企業，自認躲得再遠，消費者都能找到你算總帳。換言之，當社會大眾的品牌意識愈來愈高，企業的品牌警覺也要愈來愈高；當媒體輿論的品牌問責愈來愈強，企業投入品牌的速度也要愈來愈快。

處處凶險，小心踩雷

　　我出版第一本品牌書，至今十多年過去了。持平而論，台灣企業的品牌經營管理總算由艱辛的導入期，晉升到商機乍現的需求期。需求期帶動出多種商業可能性，供給端立刻嗅出機會，紛紛立項，如網路公司提出從品牌優化計畫到網路推廣計畫的一條鞭服務；如設計公司由企業識別系統設計延伸到整體品牌規劃；

如廣告公司順理成章地向上游的品牌管理延伸、提供客戶自品牌策略到媒體投放的包套服務；如教育訓練機構翻出以前乏人問津的品牌課程、翻修內容後丟入訓練市場試水溫；如民間機構相中政府輔導企業品牌推廣的公預算、聯合產業與學界專攻政府標案……凡此種種，能夠提高企業界興趣、能夠吸引大眾關注、能夠多方分進合擊，提供有效滿足需求的品牌服務，好事一件。

可惜的是，需求期曙光初露，供給端不見蓄勢待發的優雅，反見爭先恐後搶食商機的躁進。簡單講我的憂慮吧，供給者手上那把剃刀不夠利，如何刮乾淨需求者嘴邊的鬍子？又如何不刮破企業的臉皮？

打造品牌力並用一套從調查研究、深度訪查、現況診斷……到建構策略、管理機制、推廣計畫的系統化作業，往往需耗用半年來做對事情，千萬不可急功近利，因為將一組只具有牌子效果的符號，拉拔成有戰力的品牌，哪有那麼簡單！

心急的需求者等不及地基打好就要往上蓋建築，固然不切實際。而急搶商機的供給者不充實基本功夫，讓人誤以為在會議室弄個一天的 Workshop（工作坊），參加者腦力激盪出核心價值、DNA、主張、承諾什麼的，就算是把品牌的功課修完了，接著直接傳遞這些 DNA 什麼的給消費者知道，品牌工程就算大功告成？實在無言！

試想，蓋大樓卻略過基礎工程，地質沒改善、連續壁沒灌、

筏式基礎沒打、竹枝取代鋼筋、爛泥取代混凝土，即使在外牆掛上亮眼的大理石，這等建築能撐多久？品牌的打造、經營、管理、推廣，每一項工程均是極為嚴肅的重大議題。遺憾的是，由於品牌觀念不正確，沒耐性的需求者與沒實學的供給者，聯手打造豆腐渣工程，案例不勝枚舉。

　　不論你的需求是再造品牌、重整品牌或新創品牌，觀念，很重要！你懂觀念，外人就唬弄不了你。供給者也是，你有心投入品牌服務，我肯定你，不過，去幫人家刮鬍子前，請先把自己手中的剃刀磨利。

PART 1

重新認識

印象才是品牌的基本，品牌打的是印象爭奪戰

為了保證你能夠徹頭徹尾理解，我運用源頭釐清加上深入解析，協助你知其然並且知其所以然。期望看了這本書的你告別對品牌朦朧的認知，準確對焦。

頭一個難題，品牌到底是什麼？專家們各個說得頭頭是道，用了各異的表述詮釋其意義，但大部分的詮釋屬於表象意義，鮮少有人打破砂鍋問到底、究明其根柢。現在，讓我不但砸破砂鍋，還要為你解答砂鍋是哪來的？

物體的最小構成元素是原子，那品牌的最小構成元素呢？或者說，基本構成元素是什麼？知道它的基本構成元素，操作時才能抓到重點，聚焦於基本元素，才能把力量用在正確的地方，不會亂射銀彈，減低投入成本打水漂的機率。

品牌的基本構成元素叫做：印象（Impression）。

印象是怎麼形成的？企業會主動向你投送為特定品牌營造的訊息與訊號，例如產品在通路的陳列、釋出的產品評測報導、促銷活動、網紅業配、公益善舉、媒體廣告、負責人受獎等，不一而足。同時間，你也會接收到不是由該企業主動發送的訊息與訊號，如消費者的開箱分享、網友爆料、消保爭議、來自競品的攻擊、負責人的八卦等，同樣來源多端。

　　從多種來源散播出去的訊息與訊號，無論是企業自主發送的或是非自願發送的，我統稱之為「品牌呈現」。這麼多的品牌呈現，部分會被你的感官與知覺系統所察覺，部分會被你忽視，每個人察覺到的和忽視的又有所不同。總而言之，凡是進到你感官與知覺系統的所有訊息與訊號，都叫做「印象」。

　　再來說文解字一下。印象意指壓印在你腦海中的樣子，而且並不是如刻印般深刻，較像是輕輕拂過你腦中的一抹浮光掠影，在你未曾特別留意的狀態下，攀附在你的暫存記憶裡。如果是在你稍微留意的狀態下，則會貼附在淺層記憶中。無論是攀附在暫存記憶裡或是貼附在淺層記憶中，第一，隨著時間逝去，印象會淡忘；第二，進入記憶的同類印象會產生替代作用，覆蓋掉之前的印象。

　　所以說，我們對外界事物的印象會改變，其實是一種常態，或多或少、或輕或重，忽焉在前、忽焉在後。在這種情況下，外界事物想要在我們腦海中佔據一席之位，知易行難。因為同時有

數不清的異類印象進入暫留記憶或淺層記憶，更有為數甚多的同類印象搶佔暫留記憶或淺層記憶，因此屬於某一品牌的印象——我稱之為「品牌呈現」，要想在攀附於感官與知覺系統之後，貼附到淺層記憶，進而穿透進深層記憶並錨定在裡面，談何容易。

品牌由數不清的印象組合而成

如果說品牌戰打的就是印象戰，雖然不準確，但方向正確。例如為了加深你的印象，欲打造品牌的企業想方設法朝你的感官與知覺系統投送訊息與訊號，這份費心費錢的努力，常會遭到出自其他來源的訊息與訊號的正向強化或者負向抵銷。

為了加深你對「印象」這檔事的印象，我來舉個類比的例子。華人民俗慶典中，舞獅帶有討喜以及宗教雙重意義，獅頭道具的製作是一門需巧手匠心的技藝，製獅師傅首先以黏土塑形，接著用紙和紗布一層一層糊貼在黏土模型上，重覆施作十幾層，風乾後挖掉黏土，再油漆彩繪。像這樣費工的製作過程，至少需要一個月才能完成，而且每個獅頭獨一無二，各有差異。

這和企業打造品牌，十分類似。首先需要憑藉來源多端的印象一點一滴地慢慢塑形，過程中需考量投送「自身品牌呈現」的預算適足與否以及投送效率，也要評估「競品品牌呈現」造成的壓制作用以及「非自願性品牌呈現」導致的拖累。可說印象積累

的這條漫漫長路，途中處處凶險，計畫絕對趕不上變化，因此有必要嚴密管控。

　　直到堆疊上去的印象足夠讓這些品牌呈現，穩穩地攀附在消費者的感官與知覺系統，且有部分成功落定在淺層記憶中，加上確定正面印象超越負面印象，足夠跟競品抗衡，打造品牌的初始任務才宣告達成。

　　當然，既然說「初始」任務，表示後續還有很多不同階段的任務。容我再強調，做品牌真的、真的沒有那麼簡單，比起研發產品的投資報酬率低非常多，這正是台灣的非消費型企業不情願做品牌的其中一個原因吧？品牌，真的、真的需要量身打造，沒辦法套用公式；企業，真的、真的別相信什麼方便法門，妄用什麼附贈規劃。免費的規劃真有用的話，品牌早就遍地開花了，怎麼會做得如現況般四不像？

　　請務必記得，品牌的基本元素由「印象」構成，任何試圖跳過「印象」階段、直接獲取「形象」的念頭，不符科學；任何試圖說服你一步登天的建議，不負責任。

　　再怎麼精心策劃的品牌呈現，留在消費者腦海中的印象，能夠按照操盤人的預期而完整落定的比例，極低。

　　因為人類記憶──尤其淺層記憶的容量十分有限，多到爆的訊息與訊號在有限的容量中爭奪位置、互相排擠，甚至就連企業自己發送的訊息與訊號都在打內戰，自相傾軋，以至於不具高關

注價值，對消費者可有可無的品牌呈現，落定在淺層記憶時，注定轉換為馬賽克式記憶——有如打上馬賽克般模糊含混。

破碎的印象拼圖

受到大腦管制的馬賽克式記憶，有三個歷程：

1. 記憶的編寫（Encoding）有自動簡化與隨意歸併的問題。
2. 記憶的儲存（Storage）有異質混同與同質覆蓋的問題。
3. 記憶的提取（Retrieval）有偏誤位移與錯置標籤的問題。

我暫時不多做說明，以免太過學理，容後再用實例敘述。你要知道的重點是，品牌投送到人們心裡的印象，想用原貌存活下來，唯有透過不間斷地補充、修正、升級，來讓印象逐步清晰，盡量還原到期望的原貌。而在競爭品牌之間，誰能較快擺脫馬賽克式印象，誰就在品牌印象爭奪戰的第一場戰役勝出。

人類的有限記憶，另外有一項你要曉得的重點，人們因為身分不同，干擾記憶的因素也不一樣。

當身分僅為社會大眾時，他記憶特定企業發送的品牌呈現，會受到他對該產業的關注程度以及對該企業主觀評價的影響；當身分為該企業顧客時，他記憶該企業或競爭企業發送的品牌呈現，就轉變成受到產品接觸經驗的明顯影響了。

舉味全為例，它的母企業頂新發生商譽爭議事件，由於頂新

跟中國大陸市場的密切關係，在網路仇中情緒加乘作用的推波助瀾下，許多社會大眾醞釀了對頂新旗下子品牌味全的負面移情效應，導致味全用幾十年在台灣人心中奠立的清晰品牌形象，瞬間被負向訊息與訊號打回馬賽克式印象，而且還是偏惡劣的印象。

那麼，我們可以說形象重創的味全，品牌毀掉了嗎？沒有。因為社會大眾中還有不少人具有味全消費者的身分，他們固然同樣無法接受頂新的錯誤行為，可是他們之中也有相當比例認同味全產品帶來的良好使用經驗。長期的良好產品接觸經驗，讓這些消費者對味全抱持深厚的情感，味全落定在他們腦海中的印象已經固著並沉入深層記憶，不會輕易地被新的負向訊息重新馬賽克化。用通俗的語言來說，他們是味全的死忠支持者。味全經歷母企業的事件牽連，難免傷筋動骨，但長期培養的死忠消費者，與長期經營品牌、錨定在部分消費者記憶深處的印象，是味全再起的底氣。要評價品牌，千萬別單純只評價消費者的品牌印象，也別混淆了「社會大眾」跟「消費者」兩種身份的品牌印象。

對企業而言，先要弄清楚自己品牌在消費者心中的印象拼圖到底長成什麼樣？到底跟自己規劃的理想拼圖樣貌差多少？才能保持滾動調整品牌呈現的警覺。至於印象拼圖，最好奠基於可靠的調查發現，也就是根據調查數據來組裝印象模塊。調查要嚴謹，需花錢找專業團隊來做，小企業和微型公司如果礙於成本，望調查而興嘆，可以暫時用市場情資加前線回饋再加經驗判斷，

圖 1 品牌印象拼圖

● 有負作用的正面印象　● 正面印象　● 負面印象

日本品牌	藥妝店可以買到	保養品價格偏貴	常看到的是維他命

	護唇膏很好用		有些產品品質不錯
沒看到什麼宣傳	老品牌	快忘記這個品牌	包裝老氣不時尚

做出有參考價值但不可盡信的印象拼圖。如圖 1 為消費者對某開架式保養品品牌的印象拼圖，企業經營者或品牌操盤人若能親手製作這樣的印象拼圖，經過長期追蹤，比對各季度拼圖模塊構形變化，定能抓住品牌演化的軌跡。

看了前面的解釋，企業更要務實地「提供優良的產品接觸經驗」給消費者，千萬不要在產品品質有待提升的狀況下，淨做些擦脂抹粉的事，還誤以為密集發送訊息就能征服消費者的記憶，結果遲早自毀長城。至於社會大眾這一塊，由於欠缺產品接觸經驗，相對較難有效影響，但企業行有餘力，亦需費力兼顧。

認知一致性與意識沉潛深度

品牌印象以「碎裂」的狀態存在消費者腦海，碎裂的程度有很大差別，我以兩個指標來評估競爭品牌之間的印象碎裂狀態，藉以觀察品牌力的根基是強是弱。舉三個食品企業為例：義美、聯華、大黑松小倆口，各有產品強項，行銷策略不同，主攻市場各異，但統歸為零售食品製造銷售業者。試問，這三個企業品牌在你心目中的整體印象如何？

我確信，你跟其他人描述的印象不可能全然一致，因為每個人所接收到的品牌呈現不同，每個人的產品接觸經驗各有主觀，想在兩個人的答案中發現高度雷同的印象拼圖，其機率固然高於指紋的雷同率，但彼此的答案絕對相去甚遠。

義美投注食安方面的作為，各界自有褒貶，然而社會大眾和消費者所接收到的食安相關訊息與訊號，焦點清晰且認知相似，印象強到足以排擠掉它項印象、覆蓋掉負向印象。不得不說，義美掌握住食安議題，專注經營食安領域的品牌呈現，成功整併它原本碎裂的印象拼圖，成就了品牌力根基的第一個指標：在社會大眾與消費者心中認知狀態的一致性。

用相同標準觀察聯華與大黑松呢？結果可能令你大吃一驚。規模相對較大的聯華實業，除了零食、食品製造、元本山、可樂果比較跳得出來，你試試描述對這個企業品牌的印象，是不是有

點模棱兩可？馬賽克得很明顯？甚至跟聯華電子產生印象儲存時的異質混同現象？

反觀大黑松小倆口，多數人對它的印象有限——顯示出它投送的品牌呈現有數量不足的問題，但在有限的印象中，牛軋糖的印象卻非常清晰，幾乎獨佔整個品牌印象。這個好結果或許出自該企業品牌呈現受侷限的無心插柳，也確實存在了品牌內涵過於單薄的缺陷，但至少在社會大眾與消費者認知狀態的一致性上，它達標了。

義美、大黑松給你的啟示是，經營你能夠操控的自發訊息與訊號投送時，要把力道盡量做在少數方向上，不僅避免備多力分，同時還有利於消除印象的馬賽克現象。

品牌力根基的第二個觀察指標：意識殘留的沉潛深度。所謂殘留的意思，等同之前說的品牌呈現的訊息與訊號是攀附在感官與知覺記憶裡？或者落定在淺層記憶上？或是錨定在深層記憶中？印象記憶經過層層汰除篩選，當然是沉入意識愈深，愈能穩住心佔率（Mind Share），愈利於形成心理偏好。

以台灣消費者心中的隨身碟品牌為例，Apacer宇瞻、Kingston金士頓、Transcend創見、ADATA威剛，各據一方市場，各有愛用者，科技人和普通人的評價不一，專家和3C通路業者的推薦不同，因此，看整體市場的實力差距遠不如看區隔市場的實際表現。

不過，隨身碟為成熟度高的紅海市場產品，一般消費者的產

品接觸經驗差異不大，四個品牌都享有差距不大的認知狀態一致性。此時，擅於使用媒體廣告與網路傳播朝消費者投送訊息與訊號的金士頓，持續穩定地堆疊印象，經由記憶的編寫，逐漸將金士頓自動簡化成記憶體（如隨身碟）的代表性品牌，並將其它競品的印象隨意歸併入金士頓，推動自身沉潛進更深層的記憶。

再進一步，在記憶儲存階段，金士頓完成吞併其它競品印象的同質覆蓋作用，消除掉印象的馬賽克，牢牢錨定在比競品深的意識中。所以當詢問消費者記得哪個隨身碟品牌時，便出現記憶提取階段的偏誤位移，金士頓擺脫比它更強大對手的強勢印象，脫穎而出；並同步出現記憶提取階段的錯置標籤作用，堂堂皇皇被標籤成隨身碟第一品牌。

我不是說媒體廣告和網路傳播很厲害，許多協助營造品牌印象的實用工具都有一樣的效果，重點是企業懂不懂善用工具。要拯救過於碎裂的印象拼圖，先要弄清楚品牌的印象拼圖現況，對症下藥，校正品牌呈現，取得夠一致的認知狀態與夠深的意識殘留沉潛。

在階梯發生的關鍵戰役

你應該聽過「記憶階梯」（Memory Ladder）？人們對某一特定領域、例如北市聯營公車業者品牌名，能夠在不提示的情況下

明確記得的品牌數量，比你以為的少喔。根據學者研究，只有名列前七位的品牌能得到民眾記憶的「寵幸」，被明確順利說出。

例如十多家北市聯營公車業者，我可快速指出大都會、首都、台北、大南、大有、三重這六家，有的因為我經常搭乘而記得，有的因為我接收了較多的訊息與訊號而記得，如北市公車年度評鑑結果、媒體報導等。簡單講，同在該領域記憶階梯的品牌，想讓民眾印象深刻，要搶佔前七位，稱之為「搶七」！

直言之，企業之所以應該竭盡全力為品牌賦予基本元素的印象，並設法讓破碎的印象拼圖遠離馬賽克化，其目的即為推昇品牌攀上消費者記憶階梯的前端位置，令人優先憶起。改成你知道的講法——知名度（Awareness）！當品牌落實了符合條件要求的品牌呈現，印象的認知一致性與意識沉潛深度雙雙超越競品，具體的回饋便是知名度，知名度帶給人們熟悉感（Familarity），熟悉感引出信任感（Trust），信任感積累到一定程度，忠誠度（Loyalty）於焉誕生。

發生在社會大眾或消費者腦海中的印象爭奪戰，可謂品牌戰的最小戰鬥單位，但也是最基礎且至關重大的戰役。我經常注意到企業花大把銀子砸廣告、做公關、玩網路、請顧問、上課程，卻疏於關照無法靠錢買安心的地方，結果在大街小巷敲鑼打鼓、自鳴得意；卻在明溝暗渠排污洩廢、自廢武功。買來的讚聲，錦上添花；招致的噓聲，雪上加霜。輕縱小印象，事後得花百倍力

氣把輸掉的戰役再贏回來，況且還不一定贏得回來。

不忽視小印象，理當視為經營品牌的第一守則。日本企業在意維護小印象，例如鄰近社區的小型製造業者，為求與社區和睦相處，敦親睦鄰的措施少不了，還會嚴格規定員工只要出了廠區，必須換下有企業識別的服裝，因為在廠區外活動的員工，企業難以掌控其言行，萬一行止不當，居民將惡劣印象投射到員工身上的企業識別，這筆帳會記在企業頭上，多冤枉啊。

謹記，你的品牌每天在跟競品進行無數場印象爭奪戰，務必顧好看似無傷大局、實則影響深遠的印象。

即學即用

1. 揣測你的品牌在核心顧客心中，以及在主要競品的核心顧客心中的「印象拼圖」。這兩個拼圖至少需由十個片段印象拼成，並以大小不同的方塊狀來呈現各自的重要性。
2. 從你品牌眾多的「品牌呈現」中，列出五個主要的正向印象與五個主要的負向印象，並推估整體印象偏正或偏負。
3. 評估你品牌 vs. 主競品的整體「印象認知一致性」與「意識沉潛深度」，以及在記憶階梯上的位置排名。

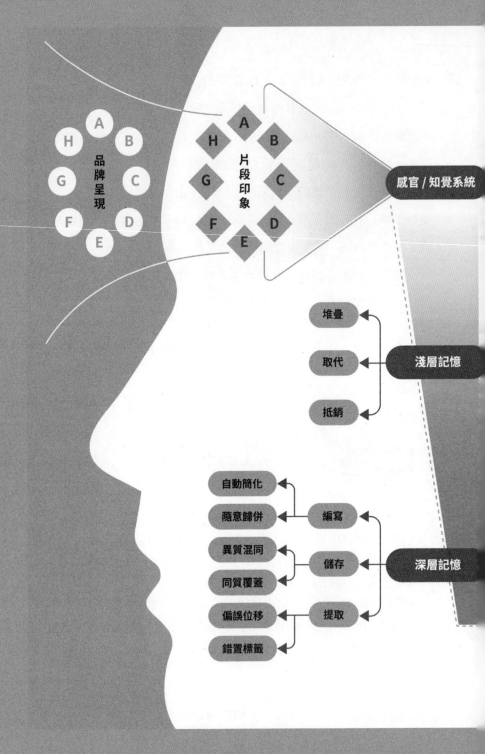

品牌觀念流程圖 1

印象是構成品牌的基本元素

片段印象模糊存在於消費者腦中,形成馬賽克式記憶。藉由操作認知一致性與意識沉潛深度,以攀上記憶階梯。

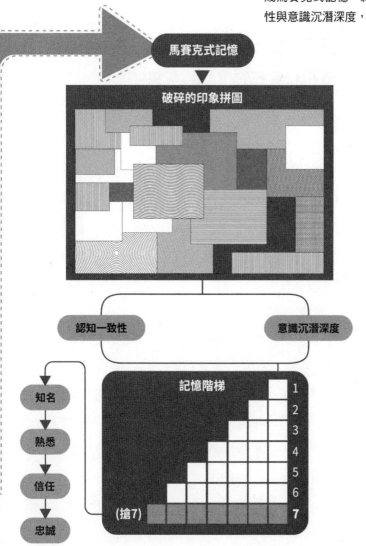

馬賽克式記憶

破碎的印象拼圖

認知一致性　　意識沉潛深度

記憶階梯

知名

熟悉

信任

忠誠

(搶7)

1
2
3
4
5
6
7

Chapter 2

品牌的第二個重要觀念

印象一筆一筆存入帳戶，
每個帳戶都獨一無二

　　你在銀行開立的帳戶，有存款、提款、定存功能，有匯款、借款服務，應用這幾項功能與服務的機會與頻率，因人而異。實際上，使用或少用或完全不用這些功能與服務，跟你的身分密切相關。保守營業的商號，以存提款為大宗；習慣信用擴張的個人，經常借款；謹慎守財的個人，常做定存。

　　為什麼講這個？跟品牌有何關聯？當然有。落定在淺層記憶的印象，以及錨定在深層記憶的印象，可比喻成銀行帳戶。企業投送的品牌呈現以記憶的形式存放在社會大眾或消費者腦海中，跟銀行帳戶類似，也會有存提款、整筆定存、大筆匯出、借貸。

　　粗心大意的企業，若不關注帳戶中資金（印象）的流動情況，導致透支甚至違約，在金融界涉犯信用風險，在商界則涉犯了形象風險。風險未及時控制而愈演愈烈，離個人信用破產或企

業品牌形象破產的日子就不遠了。

　　管理品牌的印象帳戶，比起管理個人銀行帳戶，困難得多，其中最麻煩的事情莫過於品牌面對多少數量的消費者或多少數量的社會大眾，你就有多少印象帳戶有待管理。如第一章強調的，存在於每個人心中、針對特定品牌的品牌呈現都獨一無二，人人不同，壓根兒沒辦法詳列每個消費者心中的印象拼圖。

　　假定你只是經營一間社區洗衣店，或許真能記得每個客人的喜好習慣，做到一對一專屬服務，滿足所有客人，在所有客人的印象帳戶都有結餘。一旦跨出社區搞起分店，顧客數翻倍，詳列所有印象拼圖倍感吃力，這時候在全部印象帳戶中如混有透支帳戶，你不見得知道。更別提發展成全國連鎖加盟品牌，待理解的印象拼圖與待管的印象帳戶，動輒以萬計，稍有不慎，形象風險便來敲門。

均值化操作的必要

　　因為品牌印象同時有「一人一帳戶」與「戶戶不同調」的難纏特性，稍具規模的企業為求管理效率，必然訂定各類型的標準作業流程，以求管控各形各色的品牌呈現。客戶服務不用說，這是必備流程，還有顧客回饋流程、門店回報流程、涉外消息發布流程、媒體應對流程、網路社群發文流程……族繁不及備載。企

業經營者當然曉得如生產線般死板的標準化流程，效果不如有溫度的一對一互動，但讓連鎖店做社區單店的事，實際不可行嘛。動用 SOP（Standard Operation Procedure 標準作業程序）有不得已的理由，要用均值化操作換取成本效益。

均值化的意思是找一個大家都能接受、挑剔的顧客勉強同意、體貼的顧客豎起大拇指，平均做到七、八十分的品牌呈現。畢竟，有待投送的訊息與訊號種類太多，每個種類都顧及，每個「品牌呈現」都滿分，每次投送都完美，絕無此事。藉由標準作業流程擬定品牌呈現計畫，可保障能夠在每個消費者印象帳戶都存入錢，好歹有盈餘，有的「品牌呈現」可以多花成本，印象既做到認知一致又達成深層沉潛，帳戶會將之轉為整筆定存，讓該「品牌呈現」錨定在深層記憶，最終變成品牌資產。但有些「品牌呈現」被忍痛放棄，不但沒錢存入每個帳戶，還可能在部分帳戶超額提取，形成透支，最終變成品牌負債。但所有帳戶正負統算之後，如能維持藍字盈餘，表示品牌印象尚屬健康。

舉例，台灣的星級大飯店中，亞都飯店以單店之姿，靠著細緻貼心的服務，成為歐美商務客首選。戴著黑禮帽、穿著燕尾服的亞都門僮可不好當，沒有開個門、問聲好、搬行李那麼簡單，門僮必須認得客人，最少記得二十位常客的名字，門僮之間還會互給提示或相互支援，反正就是不能讓常客覺得自己怎麼被冷落遺忘了？服務重心放在一對一關係的亞都，住宿餐飲品質自然有

相當水準，可它的外觀門廳與裝潢擺設就沒有其它國際連鎖大型星級飯店般輝煌耀眼，它的對外活動力也不像別家那樣活躍，知道它的社會大眾也比知道凱悅、三井、萬豪的要少。但是，亞都在常客關係的品牌呈現滿分，在其他領域的品牌呈現選擇均值化，等於集中資源在歐美商務客的特定印象帳戶，並且澈底執行，成功取得帳戶大筆定存。

亞都整體品牌呈現雖有限，但表現超群的少數帳戶（指存在於歐美商務客、接待商務客的台灣企業、飯店業者、專業媒體……心中的印象）足可豐厚其品牌資產。至於數量眾多的其它客群與族群的印象帳戶則透過有效公關運作與媒體報導，那些印象帳戶的結餘款項雖不多，但透支帳戶受到有效控制，因此品牌資產餘額高而負債極低。亞都的例子為你示範了中小規模企業操作品牌呈現時如何「擇重避輕」，如何催出預算的邊際效益，如何聰明管理印象帳戶。

先處理帳戶分級

品牌必然會在民眾心中開立印象帳戶；跟品牌直接有關的消費者、間接相關的社會大眾有多少人，就有多少印象帳戶；每個帳戶內必定同時存有資產（Assets）與負債（Liabilities）；所有帳戶的餘額加總起來，等於你品牌的淨資產或淨負債。

表 1　印象帳戶分級

	消費型品牌	產製型品牌	產製型企業
跨國性	ASUS	鴻海富士康	可成
全國性	達芙妮	寶成	宏錡
區域性	龍寶	生產力	麗明
封閉性	全聯阪急麵包	統一晨光吐司	嘉展食品廠

	↓	↓	↓
歸屬於　➡	消費者 印象帳戶	關係者 印象帳戶	專業者 印象帳戶

　　無奈的是，由於經營者或操盤人根本無法掌控所有帳戶，也無力精算所有帳戶餘額，只能經由調研以管窺豹，推知大概，為了確保品牌印象的加總為資產，應該多做、多投送、多關注，別搞錯方向，把精力用去計較每個帳戶的餘額。我再說一次，你管不了所有帳戶！遍及市場的印象帳戶，於你，海市蜃樓罷了，無須過慮，用心經營，自然聚沙成塔。你該下多少力量？全面使用SOP 或擇重避輕？跟你的品牌印象帳戶落在哪個等級有關。

　　如表 1 所示範，這樣區分級別的目的是方便你自行評估，判斷出企業所在位置，來鎖定「品牌呈現」投送的目標對象。左側

為市場範疇，前三個不必多加解釋，很好理解，第四個「封閉性」意指該企業或品牌僅出現在特定範疇，難以歸於區域性、全國性、跨國性，如統一晨光吐司僅在統一超商部份門店販售；全聯阪急麵包產製的成品也僅供應給全聯福利中心；嘉展食品廠則是台灣北部麵包批發供應鏈的 B2B 大廠。

這三者都處在相對封閉的特殊市場環境，獨佔或寡佔市場，無需展現全面競爭力以面對常態市場的激烈競爭。

全聯阪急麵包在自家門市直面消費者，是全聯獨立推廣的產品品牌，較積極對外投送訊息與訊號，歸為消費型品牌。統一晨光吐司也算直接面對消費者，但母企業並未特別推廣，欠缺足量訊息與訊號投送，歸為產製型產品品牌。嘉展默默生產，完全不想曝光出頭，有廠有牌子，但距離「品牌」甚遠。

屬於消費型產品品牌的全聯阪急麵包，自然必須管理無數的消費者印象帳戶。產製型品牌的統一晨光吐司算得上產品品牌了，雖然沒有數量龐大的消費者帳戶要管，可是包括產業界、供應鏈上下游、關心該產品的小眾消費者、政府主管機關、消費者保護團體、學術界等，統稱為該品牌的「關係者」，一樣有成千上萬的關係者印象帳戶有待管理。產製型企業的關係者相對少很多，可能僅有產製型品牌的十分之一，其中以「專業者」如媒體記者、學者、主管官署居多，待管理的印象帳戶數得出來，處在這麼有利的情形下，倘若還管不好，沒道理怨天尤人。

即刻啟動管理機制

當品牌以產品或企業的型式跟消費者接觸的那一刻起，品牌在消費者心中的印象帳戶即自動開啟，接納不同來源的訊息與訊號進入。品牌當然可以為自己打印象戰，例如純粹的品牌媒體曝光、網路上的討論、企業刻意披露的品牌故事等。但無須爭辯的是，產品在第一線跟消費者周旋討拍，替品牌打代理戰爭，居功厥偉。另外，企業在社會責任的召喚下，從幕後走到臺前，亦屬功不可沒。

產品與企業堪稱品牌的左右護法，地位崇高，動見觀瞻，你在管理印象帳戶時，絕對謹記大多數品牌印象並非原生於品牌自身，而是來自於左右護法。

我替企業規劃品牌策略，必用到資產負債並列的方法，檢討印象帳戶現況，做為構思策略的依據。為了盡量趨近實況，先做小樣本數、但對象精準的質化調查，通常針對該品牌的核心消費群，畢竟，他們是衣食父母的重中之重，其餘消費群體和社會大眾，不是不做，而是為撙節投入成本不得不暫擱的權宜之計。

換句話說，建議你判斷哪個群體對品牌有更大貢獻或有更大威脅，就先針對那個群體做。如你計畫擴張市場，除現有三十到四十世代族群，欲打進二十到三十世代消費者區隔，就針對此一新區隔做印象帳戶的資產負債列表，了解品牌在該世代心中的認

知現況。舉例說明，身為三花棉業顧客的我，僅羅列這個品牌在我印象帳戶中的資產負債現況，做為參考之用：

資產（正 1-5 分制）

1. 不因襪頭束太緊而咬腳：5

2. 價格平實，促銷價誘人：3

3. 網路推文證實了襪子的優點（不管是否為業配文）：1

4. 相較於競品，CP 值高：4

5. 董事長出演廣告具親和力：2

　　　合計 +15 分

負債（負 1-5 分制）

1. 襪頭易鬆弛，走路時往下掉：-4

2. 襪子含棉比例低：-3 分

3. 內褲跟襪子一樣的問題，腰圈鬆緊帶易鬆弛：-5 分

4. 專賣店人員服務態度消極：-1 分

　　　合計 -13 分

　　正負分相減，我的三花品牌印象帳戶餘額兩分，用五分制評估，它整體印象為正向偏低，是我勉強可以接受的襪子和內衣品牌。這種品牌印象帳戶管理法簡明易懂，也適合以週或月為週期，比較頻密地執行，適時發現問題，及時面對解決。

　　網路時代，企業無法再專注於商品產製與銷售，還要分心關注因網路騷動而引動的市場突變。舉個眾人皆知，發生在 2019 年手搖飲品牌一芳突如其來遭遇的危機。時逢香港反送中事件，一芳在大陸微博的發文引致台灣網路炸鍋，尤其年輕族群反彈抵

制，一時之間，去一芳買飲料有無形壓力，似乎會招來異樣眼光，事件發生從公關危機演變為經營危機。

我不知道一芳的母企業墨力國際在好不容易應付完棘手危機之後，是否曾執行品牌印象變異調查？是否針對不同消費族群分別臚列印象的資產負債現況並計算餘額？若有，所獲結果絕對會影響該企業的品牌行銷戰術，甚至絕對會讓業者思索改變經營策略的必要。

再強大的品牌其實也很脆弱

台灣企業命定要因敏感的政治議題而曝險，像一芳這樣的突發式危機，沒理由不再發生，企業也沒理由對自己躲過危機的運氣太有自信。在政治情緒低燃點的環境下經商，企業遇到了，無論處理得如何恰到好處，還是會受傷。在不幸遭到集體情緒暴衝的狙擊之後，研議調整經營策略時，最好能輔以核心消費族群的印象帳戶滾動式管理（Rolling Management），摸清楚印象帳戶中被危機事件大額提取後，結果是存款水位驟降？或是透支？或是根本擠兌式地抽離？據以調整策略更張幅度。

至於以往使用的盤點式管理（Inventoried Management）時序拉得太長，緩不濟急，無法因應突發事件，企業宜慎用。

接受了印象帳戶的觀念，會跟著明白幾件事。第一件，再怎

麼信心滿滿，消費者仍然可能隨時把印象帳戶的存款提領一空，讓你苦心建立的品牌形象瞬間崩塌。第二件，競爭者提供給消費者的品牌呈現，隨時可能優於你的，並在一致性與沉潛深度超車，此消彼長，你可能就準備從記憶階梯摔落了。第三件，網路滋生出動機各異的霸凌者，如禿鷹盤旋追獵，隨時等你出錯，發動圍剿，跟媒體輿論形成共伴效應，對品牌摧枯拉朽。

如果說當今台灣企業的品牌有何共通之處，「脆弱」二字當之無愧。俗話說得好，知己知彼，百戰百勝。知彼，謀事在人、成事在天；知己，做或不做，一念之間。企業主寧可認為自家品牌很脆弱，隨時警覺市場中爆出的突發狀況會影響品牌茁壯，好好執行印象帳戶資產負債結算，計算餘額，彈性調整策略。

猶記 CAMA 咖啡，以口感勝過便利超商咖啡的產品、開店成本較低的展店條件、風格突出的店頭氛圍，在外帶咖啡市場快速成長。誰能料到 Louisa Cafe 猛然崛起，以多樣態的店格，通吃了小型店的外帶兼內用市場，以及中型店的內用市場。不過幾年光陰，CAMA 賴以起家的商業模式被壓制，成長動能被壓縮，重整步調後也開起多樣態店格，但在消費者心中，後起之秀 Louisa 的印象帳戶餘額想當然耳地普遍高於 CAMA 吧。

我並不知道 CAMA 在之前的高成長期是否有用滾動式管理？是否預先察覺消費者 A&U（Attitude and Usage 態度 & 使用狀況）的微妙變化？是否在競爭力衰退時重新定位品牌與定義核心消費

表 2　印象帳戶資產負債表

資產陳述	負債陳述	加減分 100 分制
十組客人中有三組回頭客		+2
	接到抱怨產品的客訴電話	-3
	隔壁競品店過路客多一倍	-2
	發現兩則網路負評	-4
官網造訪人數突增		+3

族群？只能說，商戰的歷史教訓提醒我們，之前漏做的小事很可能引來之後發生的大事，企業對自己理解消費者的程度，實在不應太自信。因為，撇開你的自信很堅強這一點，包含品牌在內的所有市場變數都是很脆弱的。

做品牌的第一步：管理印象帳戶

我會用品牌的重要觀念來貫串我的品牌論述，除了觀念，我還會告訴你做品牌的步驟。承接本章要點，做品牌——打造全新

品牌也好，改造既有品牌也好，推出副品牌也好，養成子品牌也好，殊途同歸，第一步非得是澈底管好印象帳戶不可！

　　方法夠簡單才夠實用，故作深奧狀的方法，在這本書裡找不到；紙上談兵的方法，我不會教給你。如表 2 為品牌管理機制首務的印象帳戶資產負債表，不妨仿造上面提到三花的例子來做做看。至於表格的格式沒有制式模板，你習慣就可。如果有門店最好，能夠從前線蒐集第一手消費者回饋，每天記錄、每週計分、每月檢討、每旬調整，比起調研數字，固然缺少量化統計，卻更有既視感。

　　其它像目標對象訪談法、消費行為觀察法、資料閱覽法、網路監看法……可依照需要和預算活用。總之，馬步站穩前，切莫被花俏的虛工迷惑。

即學即用

1. 你的品牌有積極且持續地進行「品牌呈現」投送，以便累積印象嗎？藉由哪些方法、平台、工具？成效如何？
2. 你是否評估過，你的品牌得自市場環境的正負向印象的主要來源和成因？
3. 選取一百個樣本，以問卷或訪談方式，用印象帳戶資產負債評分法，結算一下你品牌在核心顧客心中的印象帳戶餘額。

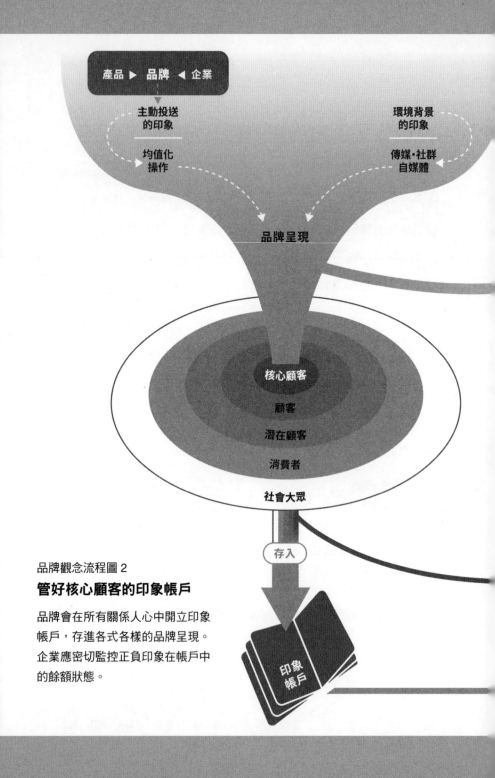

產品 ▶ 品牌 ◀ 企業

主動投送
的印象

環境背景
的印象

均值化
操作

傳媒·社群
自媒體

品牌呈現

核心顧客

顧客

潛在顧客

消費者

社會大眾

存入

印象
帳戶

品牌觀念流程圖 2

管好核心顧客的印象帳戶

品牌會在所有關係人心中開立印象
帳戶，存進各式各樣的品牌呈現。
企業應密切監控正負印象在帳戶中
的餘額狀態。

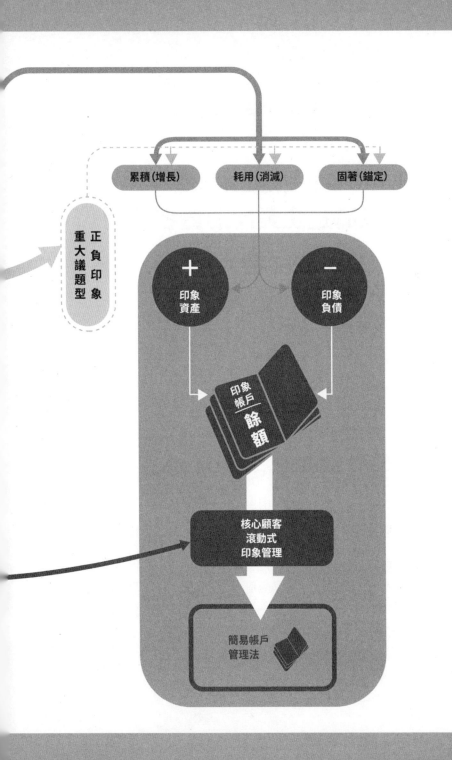

品名是企業的，
品牌是企業向消費者借的

　　台灣企業隨著第一代老去，逐漸退居第二線，從小享受良好教育或跟在父執輩身邊耳濡目染的第二代，逐漸走到台前。過去，本土企業的創辦人不捨交班或兩代交接期過長引發經營紛爭的事件不斷，業界學界著墨甚多。

　　時移境遷，本土企業正進入二代接班的高峰，新舵手以往儼服於老船長的餘暉或餘威，摩拳擦掌卻有志難伸，換穿船長服後，面對茫茫大海，心理準備再好仍難保不暈船，畢竟做最終決斷跟當幕僚獻策是兩個平行宇宙。

　　尤其有一些二代在蟄伏期，為養聲望，偏好掛上創意長或品牌長的頭銜，實際上跟創意毫無淵源，對品牌一知半解，萬一接班後親自操盤品牌，看在行家眼裡，真會替他們捏把冷汗。

　　一代的經營旅程，粗略地鋪排，大致走過幾個階段。首先是

「產品特色」競爭，用差異化比拼；等產品高度同質化，進到「附加價值」競爭，如改用服務、促銷、產品個性等較量；等附加價值的效果疲勞，再進入慘烈的「價格」競爭，祭出低成本加低售價的兩面刃，試圖維持利潤。然而，低成本造成品質隱憂，薄利造成資本支出停滯，價格競爭終究成為致命傷，於是轉頭尋覓僅存不多的武器，眾裡尋她千百度，發現品牌還在燈火闌珊處，終因不得已進到「品牌形象」競爭。

以上的經營旅程鋪排，雖不那麼科學，且帶有揶揄的味道，但我實話實說，台灣企業開始正眼看待品牌，嚴肅思索品牌競爭的必要，並賦予品牌在市場攻防的角色，是二十一世紀初的事了，慢了，現在做，亡羊補牢。

事實上，多數一代在價格競爭段的後期交班，普遍缺乏完整正確的品牌認知，企業也欠缺操作品牌的實戰經驗，這個情況下接班的二代扛不扛得住？要看能否延攬並信任真材實學的品牌專家？以及能否督促自己謙虛地學習品牌這門課。

我跟企業二代不乏相處和溝通的機會，只要有時間，我一定把話題繞到品牌上，十多年下來，我對二代們的使命感印象深刻，卻也對他們的品牌知識感慨良深。我要進諫二代們一句話，你們以為會自體發光的品牌，其實是瓷器，做工精緻但極端脆弱，非常不耐摔，大意不得啊！

品牌經營權和所有權是兩回事

對許多兼任品牌長的二代經營者，我要請你們先接受一個你會很不喜歡，但你不接受就做不好品牌的觀念，那就是：你有品牌經營權，但沒有所有權！

「笑話了，品牌所有權不在我手上？胡說八道！」用膝蓋想也知道大家會怎麼反應。好，請耐著性子看下去。

法律上，經由政府單位登記在案的名稱，又由企業編預算推廣，所有權屬於企業，殆無疑義。但是法律層面的歸屬無法適用於心理層面，消費者的心，晴時多雲偶陣雨，除了一部份高度忠誠的核心顧客效忠到底，多數人變心的機率高，特別是彼此替代性強的同質化消費品，例如衛生紙，何以在這麼講究品牌形象區隔的現在，零售通路的售價標示牌仍然高高掛，吸引無數人細看單張價格？好像價格競爭段的陰影始終籠罩市場，並未過去。

沒錯，如同「FREE 免費」這字眼一直是銷售的 Magic Word，價格競爭從以前到未來，在每個市場競爭階段只有扮演紅花或綠葉的差別，卻從未消失。品牌築起的長城能夠抵銷最多一半的價格誘惑，反過來看，沒有品牌長城的抵禦，消費者見「益」思遷的根性，很容易讓變心大軍長驅直入，企業兵敗如山倒。

消費者常懷貳心，但是基於欣賞你精心打造的品牌，在受到外界引誘時尚且猶豫徘徊，倘若品牌偏好度（認知程度一致性極

佳，印象殘留沉潛深度極牢）強到足以拉住漂泊的心，恭喜，你的品牌有競爭力。但是更進一步來看，你的品牌跟 90% 以上的其它品牌一樣，你無權管控的破碎印象和馬賽克式記憶太多了，像是別人家的孩子，人家要過繼給你養你就養著，人家要拿回監護權就拿得回去。

換個說法，品牌依附在人心中，寄生在人的腦海裡，離開了人心的品牌，像掉了殼的寄居蟹，什麼都不是。因為有這個特性，所以不要相信什麼百年品牌的神話，百年老字號的說法只對少數死忠消費者有效，你永遠要為新加入的消費者擦亮品牌，百年如一日，你擦了一百年，累了，第一百零一年偷懶不擦，常懷貳心的人們就變心了。

論述到此，你還認為擁有心理層面的品牌所有權嗎？

舉個大家應該記憶猶新的例子。成立於 1894 年的老牌子犁記餅店，2014 年慘受餿水油事件波及，有一樣產品「芝麻肉餅」在不知情下用到餿水油，原本訂了較為嚴格的退貨條件，湧入門店的顧客高聲要求無條件退貨，甚至有人要求店員當場吃掉綠豆椪以證明產品安全無虞，店員含淚吃下。無辜受害的店家顧及百年品牌商譽，允諾無條件退貨，結果短短三天，共退款達八百萬元，其中購買芝麻肉餅的發票竟然只有一張，更有不少人持發票退一次錢，隔天拿空盒子再去退一次錢。

疼惜犁記的忠誠顧客當然有，他們基於對這個老字號品牌的

感情，選擇不去退貨。可是，落井下石的顧客以及不顧情份、只論利益的顧客，大概比店家以為的多很多。

驚覺顧客如此輕棄情份的企業主，不需要傷心；認真投入品牌的操盤人，又有什麼好驚訝？常懷貳心，本來就是消費者的天性，你再老牌，不過年代久遠的瓷器，一樣摔不得。發生在犁記身上的事，印證我提醒你的，品牌所有權自始至終握在別人手上，經營品牌的責任在你，但品牌屬於消費者所有。自認品牌在手的企業，落花有意；而翻臉變心的民眾或顧客，流水無情。

品牌是企業跟消費者借來用的，珍惜你手上的品牌，剛好而已。說到這裡，我不禁憶起一位值得尊敬的二代，他戰戰兢兢地擦亮接手的品牌，艱苦卓絕地嘗試擦亮企業母品牌，創造新品牌。所作所為，不以所有權自居，戮力於經營責任，不可以成敗論英雄。

敬一場慘烈但光榮的品牌戰役！

2019 年，驚聞 LUXGEN 納智捷因虧損導致高層人事更迭。財經媒體披露這個台灣血統國產車品牌，在台銷售量斷崖式下滑，在大陸的市場表現更是慘澹。

回望品牌成立之初，一肩扛起裕隆創辦人嚴慶齡「為台灣裝上輪子」未竟之志的嚴凱泰，身處造車產業鏈不健全，關鍵組件

如引擎、變速箱仰賴國外供應的困境，耗費極大資源整合國內製造體系與國外部件技術，硬是打造出自有品牌。新車一面世，隨即面臨各方壓力，有車評不佳的壓力，有車主使用口碑不良的壓力。處在高壓下的主事者，用堅強意志勵精圖治，年銷量一度回昇，攻抵萬輛大關。可惜最終仍難敵車市眾多世界級品牌割據的競爭現實，來到了生死關頭。

台灣自 1980 年代就有大汽車廠的雄偉計劃，政府為拉升國產車廠自製率，祭出許多獎勵與保護措施，結果大汽車廠計劃夭折，而國產車廠跟日系、歐系品牌合資或合作，從經營裝配線帶來的獲利，沖淡了強化自主研發的動力，導致那麼多車廠裝配了幾十年的汽車，關鍵部件的自製率仍然超低，期間也只由裕隆硬開發出一款不成熟的純國產血統轎車飛羚一〇一。之後在自製車技術落差太大、市場開拓困難，以及日產汽車趁裕隆體質衰弱、強勢主導品牌與行銷，純國產血統車的夢，一場春夢了無痕。

台灣母市場規模不足以支撐純國產車？台灣人不像韓國人會為了民族情感而護短選購國產車？政府對自主品牌的保護及干預手法不像韓國政府般強悍？這些理由都似是而非。汽車廠始終自甘於經營工廠，只要設法符合法規的自製率，繼續獲得租稅獎勵優遇，繼續取得國外品牌新車在台生產（嚴格來說，是裝配），繼續賺錢就好，何必自找麻煩經營品牌！這恐怕才是生產不出純台灣血統品牌汽車的真正原因吧。

不論外界怎麼批評 LUXGEN 的品質，甚至訕笑 LUXGEN 沒有後市，只有後事……不管客觀資訊如何證明 LUXGEN 很難躋身一軍，甚至將被母市場的消費者放棄。無論如何，我由衷欽佩嚴凱泰敢從經營工廠跨入經營品牌。

　　猶記多年前嚴凱泰在尾牙場合，微醺狀態下，上台致詞，他手持 hTc 手機，用激昂的語氣要大家支持國產手機。當時，LUXGEN 正跟 hTc 合作車用通訊裝置，兩大自創品牌互相取暖之餘，撐持品牌打國際市場戰屢遍的挫折感，兩位品牌主事者可謂冷暖自知、惺惺相惜。跟做進口車生意的「貿易商」相比，跟在台灣裝配國外暢銷車種的「廠主」相比，嚴凱泰創立 LUXGEN 並非單純做生意，而是替台灣重新做夢——能夠為台灣養成高價值產品品牌的夢，能夠厚植製造業實力的夢，能夠在高端製造業領域讓國際看見台灣的夢。一場賭上個人聲譽與企業興衰的大夢，可不是人人都有膽識做的，嚴凱泰選擇做品牌，做貨真價實的製造業，做實至名歸的企業家，即便未捷先逝，亦留典範。

　　近十年，台灣的原生產品或品牌，的確開始在國際嶄露頭角，如與三井合作攻進日本橋一級戰區的誠品；努力在日本展店的台式手搖茶連鎖店貢茶、鹿角巷等，連帶使粉圓外銷日本供不應求；耕耘東南亞有成的鼎泰豐、CoCo 都可、日出茶太；從中國大陸一路拓店到澳洲、美國的 85 度 C。沒錯，台灣人早已從幾十年前全球賣產品的次級行銷，升級到全球賣品牌的一級行銷。

問題是，那些數得出來站在全球 C 端消費市場的品牌，目前皆侷限於文化軟實力與吃喝型品牌。更能呈現研發與行銷能量的中端消費市場品牌，除了晚近遭遇瓶頸的 Acer、ASUS，以及已然萎縮、重回代工路線的 hTc，幾乎找不到一軍代表。至於最能展示整體科研、製造、市場攻略國力的高端消費市場品牌，則只有備受考驗的 LUXGEN 願意奮力走出本島，為了一圓世界夢，試水溫試得傷痕累累。

　　一個號稱已開發國家的經濟體，沒有足以自豪的重量級國際性消費品牌，是多麼遺憾的事！我們看著南韓一路模仿、尾隨、並肩、超車，直到拋掉台灣，眼巴巴羨慕著三星、現代等中高端消費品牌高踞全球百大品牌榜單，文化軟實力紅遍世界、征服全球年輕人的 K-POP，到政府與民間攜手推廣有成、開花結果的 K-FOOD、K-MOVIE，不但彰顯其國力，連帶提昇其國民自信。台灣呢？國家政策規劃缺乏獨立性而為政治服務，導致國家資源因策略失當而大舉浪費，願意打世界盃的企業無法獲得助力，自然卻步。加上台灣人阿 Q 地以小確幸生活型態麻痺自己，替不長進找藉口，合理化失去競爭力的事實。

　　每每看到各處充斥著跟文創八竿子打不著的吃喝玩樂小鋪，甘當文青的年輕人喝著一杯手沖咖啡，啃著一塊熱壓吐司，手滑著三星手機，盯著螢幕裡韓國歌手的 MV 看，如此的小確幸軟化台灣新生代該有的狼性，消蝕年輕人站上世界大舞台拚搏的意志

力，難怪整個社會咖啡店、茶飲店、夾娃娃店、醫美診所愈開愈多，而帶領台灣拚全球中高端消費市場品牌的企業愈來愈少。

就算 LUXGEN 腳步踉蹌，這位本可自囿於產銷日系國產車的二代，不甘於安享為人作嫁帶來的名利，拚命經營全新品牌。想想嚴凱泰的作為，他的夢，他的心願，他的折戟沉沙，台灣失去的不只一位真正的企業家，而是可能失去往後二十年最後一個創造世界級高端消費品牌的機會。

做品牌的第二步：挖出品牌脆弱點

持平而論，納智捷這位新手，敢勇闖大聯盟級選手雲集的中高價位汽車市場，的確曝露出自身條件不足之處，各方議論甚多，其中有事後諸葛之言，亦有發人深思之論。我的看法比較單純，造車加賣車加售服這麼龐大的事業體系，想一步登天跟一級品牌比肩，誰也清楚不可能，漫長的摸索試錯過程中，熊熊燃燒的豈止掌舵人的耐性？豈止團隊的熱情？豈止支持者的期待？燒得最快最猛的是錢！

裕隆集團夠殷實，卻從未走偏門當過爆發戶，資本是一塊錢一塊錢扎實掙來，實在沒有什麼豪砸千億的本錢。單憑集團實力，要從無到有建立汽車研、產、銷、服的龐大體系，背後若無幾個兩肋插刀、重情講義的金援來源，肯定承受極大財務壓力。

再說，過了工業製造這一關，還有商業搏殺那一關，關關難過，豪砸幾個幾百億都不一定能站穩市場。

納智捷要做就做最好的車，展現市場定位的高企圖，但已抵近千億台幣的投資，財務捉襟見肘，恐拖累母企業體質。實現市場定位所需資金，跟財務能力之間存在落差，夢想不敵現實，這是我認為納智捷的品牌脆弱點。

我還是事後諸葛一下，在啟動新品牌計畫的當下，照理應該會做情境推演，用財務模型分析最好的週轉情境、最可能的週轉情境，以及更為重要的最壞週轉情境。一般來說，若無額外金援來源，採用最壞情境較合邏輯，根據財務模型更改市場定位、修正研發方向、調整生產計畫、擬定銷售策略。用通俗的話來說，有多少錢做多少事，而非假設一切順利如願，會發生最好情境。

納智捷的品牌脆弱點是先天的，一開始就擺出來的。我打從心底欽佩嚴凱泰為台灣爭氣逐夢，同時也惋惜未能及時正視脆弱點，一生遺憾。

改變不了脆弱點，就要改變你自己

我一向不喜歡聽也不願意說那類跟實際脫節的話，例如台灣中小企業經常困於家族分治、決策效率低，管理專家動輒建議要讓董事會事權統一，要尊重專業經理人制度，要釐清股份所有與

公司治理的差別……哇啦哇啦的，實在是不知企業疾苦。家族分治有那麼好解決嗎？如果所有建議實現的前提都是家族分治消失，那麼在消失前所有建議都會先被家族分治的現實一一擊潰。

在家族分治的現實下，提出一套公司治理的配套措施，如家族成員輪流掌權、董總職位分屬各家族分支、家族分支各領不同事業部等，無論何種措施，萬勿迴避脆弱點，更別妄想消滅脆弱點。大多數脆弱點與企業共存已久，我們即使不想尊重脆弱點的存在，倒也不必欺騙自己有能力扭轉脆弱點。就如同二代無力抗拒表面上傳位、實際仍在指點江山的一代，任何建議二代強勢行事的建議，必然壞事。那該怎麼辦呢？實話說了吧，軟性面對經歷大風大浪淘洗磨練的一代，幾乎是二代的最佳選擇，其它交給歲月，只剩歲月能要求一代澈底交班。

所以，先找出品牌脆弱點，而且別把尋找標準放太寬，不必找出一缸子脆弱點。你真的脆弱到這樣慘？早早收掉算了。別嚇自己，要分清品牌脆弱點跟行銷弱點，那些行銷層次的弱項（Weakness），運用道斯矩陣的優劣機威（SWOT）分析呈現出來的，都別算在品牌上；弱項交給行銷業務人員承擔處理，脆弱點則留給 CEO 擔當。

美髮連鎖龍頭的曼都，感受到美髮市場爛熟的處境，從大環境的供過於求到內部管理難以控制高人員流動率，面對的問題一堆。它在關注管理面與行銷面弱項之餘，所幸有看出品牌脆弱

點。在進行幾次同業併購，以多品牌模式擴張市佔、卻承受不同體系管理扞格的後座力之後，明白了品牌如執意專攻美髮市場，只是變大，但老問題不會變不見，這既是品牌脆弱點，也是該行業無力改變的共業，與其投注全副精力穿著衣服改衣服，何不多找兩件衣服穿？因此改採多品牌經營加多角化發展的雙重策略，跨界食品業，以曼都國際集團的型態增設成長引擎、分散企業風險，多開創一條活路。

多角化發展的策略是否如願以償？我不知道，連曼都自身也不確定吧。然而，曼都的確在不妄想消滅品牌脆弱點的前提下，站在企業高度與品牌角度，給了自己一個華麗轉身的機會。

這樣懂了嗎？品牌脆弱點跟行銷弱項不同，行銷弱項可以憑操作技術攻克，但品牌脆弱點必須靠經營智慧避開，無需用技術操作跟它對撞。打個比喻，行銷弱項如侵入人體的細菌，品牌脆弱點如隱藏人體深處的病毒，抗生素能消滅細菌，但病毒通常跟人永生共存，唯有抵抗力能壓制病毒，但仍難以消滅它們。

壞消息是，品牌脆弱點通常如影隨形，跟著你一輩子，永存不朽，就像納智捷的財務短缺、曼都的美髮業爛熟所蘊生的共業。好消息是，企業與品牌絕對可以跟脆弱點共存，只要經營者有足夠智慧閃躲它，它就如同中老年人的膝蓋，時時提醒你它退化了，你硬要用重訓想把它練好，必定自食惡果，你該放棄跑步和上下樓梯，改成走路健身，它會用緩慢退化回報你。

借有借的規矩，有借就有戒

關於「品牌是企業跟消費者借用的」這個觀念，要說服經營者沒那麼簡單，我只能盡力。從借用的觀念延伸，順便介紹幾個用來強化觀念的原則，供經營者引以為戒。

原則 1：有借有還

品牌是誰借你的？社會大眾或消費者啊。他們之所以不輕易回收所有權，主因擁有經營權的企業謙虛且認份，好好經營且不催眠自以為掌握所有權。凡是不謙虛又不認份的企業，符合有借有還原則，印象帳戶遲早遭收回。

轉型失策的大同公司，握有大筆土地資產，土地開發的潛在利益可觀，如視土地資產為企業最後一道防線，可當作重新規劃轉型的堅強後盾，有恃無恐地面對脆弱點。如視土地為可變現資產，則可當成營業項目，堂而皇之處分獲利。

大同經營權之爭的誘因起於土地資產，市場派經數年纏鬥擊敗公司派，敲鑼打鼓入主，釋放出力圖振興、振衰起弊的消息。孰料，沒有幾年，決策高層已走馬換將了好幾輪，外界順藤摸瓜，大致認為董總級高層與幕後大股東在經營理念及事業重心看法分歧。說來說去，起於土地資產的經營權之爭，大概也會終於土地資產的處分吧。

果真如此，這個令人懷念的老品牌開立在社會大眾與消費者心中的印象帳戶，存款應該會被紛紛提取，連忠誠消費族群的長期定存也會解約，積累數十年的帳戶餘額短時間之內急速下降至歸零，不無可能。跟大眾長期借用的品牌，一旦還給大眾，大同就不再是大家記憶中的大同了。品牌這東西，跟借錢不一樣，借了最好就別還，因為有借有還，再借很難。

原則2：借，要記得按時付利息

　　人家借出品牌所有權給你，總希望沒看走眼，對你的期待比較高，看你的眼神也比較銳利，正所謂愛之深，責之切，直到人家變成你的死忠，眼神才會轉為溫暖。因此，在培養出自願捍衛你的足量死忠群體之前，你提供給顧客的優質印象務必要多於提供給潛在消費者的，同理，提供給潛在消費者的也要多於提供給社會大眾的。

　　照顧了你生意的顧客，很少會認為跟你做了一筆划算的交易，通常的潛台詞是：「我讓你賺到了錢，且看你售後如何好好回報我，那是我應得的。」企業主別心理不平衡，這樣想吧，你跟他們銀貨兩訖，其實沒有兩不相欠，因為你的印象帳戶開在人家心裡，佔用掉人家的記憶空間，以後還很有可能征服人家的心，怎麼算，你從那筆交易獲取的長尾效益都很划算，在印象蛻變過程中，提撥些額外的好印象給人家，合理。

電動機車精品 Gogoro 產品力領先國際水準，換電網的設計具多用途前瞻性，無奈有一段時間愛用者對維修服務效率多有怨言。該品牌的研發成果亮眼，耗費大量資源建立出完整製造體系，擴展行銷端點，洽談普設換電站，設立維修據點，這五件全是大事，每件事都藏有外界無法想像的困難，任何一件出包都足以拖垮企業。

Gogoro 五箭齊射，在維修這件事上遇到挫折，創辦人陸學森表示：「……掛牌成長快，超乎預期，老實說我們真的沒準備好……」他承認有一支箭射歪了，應該全力彌補，我要先肯定他的坦承。該企業一路走來做了那樣多吃力的大事，打造純台灣血統品牌並咬著牙推廣到世界，難道不值得大家給予更多寬容嗎？社會大眾會給，潛在消費者會遲疑，顧客會吝嗇！正應了那句老話「嫌貨就是買貨人」，現在挑剔品牌的，就是未來偏好品牌的，愈吝嗇的，愈可能變出高忠誠度，這一點端視品牌能否坦承缺失而不逃避卸責，然後用更大誠意感謝挑剔的顧客當了免費顧問。

負責人說會負責任也好，發出主動召修令也好，提供補償回饋也好，甚至一封致意電郵也好，多做的事，顧客不嫌多；少做的事，顧客都會嫌。這是實務上的、而非學理上的消費者心理，企業主宜坦然接受，把支付利息的事放在心上，千萬別自認自己幹了研發、製造、銷售、售服幾件大事，品牌就神功護體，大家就心悅誠服。

為養護無數印象帳戶所支付的利息，應列為企業經常支出項目，既是成本，亦是投資。

原則3：勿草船借箭

實際執行品牌案的經驗告訴我，許多企業聽了真心建言，面對面時微笑點頭，送給我基本禮貌，轉身離開時就起了「說那麼多，我怎麼做得到！」的念頭，繼續輕視觀念，偏重技術。

不珍惜品牌的企業太多了。通常，不珍惜品牌的企業相當珍惜利潤，在他們眼中，沒有支付額外利息給顧客的概念，因為利息會吃掉利潤。企業作賤自己品牌的事，不斷上演。在利慾薰心而牟利時，當消費者傻瓜，不但沒有品牌是借來用的認識，更存有消費者跑不掉的偏差認知。

我這個人有到各種零售點觀察產品變化的習慣，做為我長期研究某些品牌變遷的依據。我發現不少企業慣用障眼法牟利，利用更新產品包裝的時機趁便漲價，如超商自有品牌飲料就很喜歡用這招，更換全新包裝的產品，在標籤上的細節如內容物、容量、成分含量，明明是同樣產品，換湯不換藥，卻硬提價好幾趴。想漲價，光明正大漲啊，交給顧客自行評估無條件接受或有條件接受或拒絕接受。藉由換新包裝取得利潤，行徑遮遮掩掩，有失企業格局，有損印象帳戶。

這樣的行徑就像是紮草人冒充真軍，混淆曹營守軍放箭，不

費吹灰之力借得敵軍十萬支箭。孔明在兩軍對陣、敵強我弱時的權謀之計，被企業援引，以包裝的草人，誘導顧客付錢，所費盡盡卻牟得大利，倘若還沾沾自喜，真無可恕。難道你當顧客是敵人嗎？做事業跟作戰，有些地方無法類比，其中之一是看待對方的態度。用障眼法草船借箭，心態上沒把顧客當朋友，行為上當顧客是笨笨掏錢的傻瓜，敵視顧客的意味濃厚，豈可恣意妄為。

原則 4：別借花獻佛

花用借的，眾所周知，誠意不足。這裡說的花，隱含花招、花哨、花拳繡腿的意思。佛，狹義的說，當然是顧客；廣義的說，會接觸或注意到你企業的社會大眾，都是你的佛。

佛要用禮的，上禮在乎心誠。路邊摘來的花，好歹需費力尋覓摘折、集合成束，誠意不夠但心意到了。借別人整理好的花，誠意心意俱缺。

企業有權利使用方便的方式經營，例如放棄高成本的研發，直接購買專利包、生產線，或出讓經銷權、客服委外，跳過沒有把握的關卡。這情況不叫借花獻佛，而是到別人設的佛堂禮敬，心意還是有的。借花的同義詞是表面功夫或花樣文章，那就大不敬。你拿孤花殘枝禮佛，佛心無限寬廣不計較，還說得過去；但你拿塑膠花禮佛，看似爆滿一大叢，卻了無分寸，豈不是欺佛？

最常發生拿塑膠花禮佛的情景，非企業做公益莫屬。有賺錢

賺得盆滿缽滿的業者，為博得環境永續美譽，一再舉辦淨灘活動，撿拾幾袋海漂垃圾等同永續，然後大做廣告、宣傳對地球的善意，太廉價了吧。也有業者斥資十幾億買國外小島，銜接藍碳概念（Blue Carbon）蒙環保光環，又能兼任島主開發觀光產業，太會算了吧。還有每年大賺幾百億的企業，年年發起同一訴求的公益勸募，結果投放到媒體宣傳、用來自我標榜的金額，恐怕跟募得的金額相差無幾吧。

大眾分辨誠意的法眼愈發銳利。太有心機的「品牌呈現」轉到印象帳戶時，民眾未必照單全收；太過投機的破碎印象進入顧客腦海時，敗絮其中的假象遲早被戳穿。

小結，自己的，隨你處置；借來的，務必戒慎恐懼以對。抱著品牌的雙手最好靠著心窩，誠心誠意餵養品牌，當感受到你誠意的人增加到一定數量，一紙永久借用約定會突然浮現，你的品牌就穩了。

即學即用

1. 能夠明確辨識你企業的行銷弱點與品牌脆弱點各是什麼嗎？
2. 面對找出來的品牌脆弱點，你認為在現況下有辦法做出因應決策，並有能力提出繞過脆弱點的解決方案嗎？
3. 上述 2 的問題，答案如果是否定的，最核心的原因是什麼？你有多少把握可以挑戰並排除該原因？

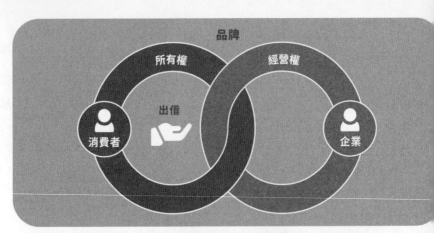

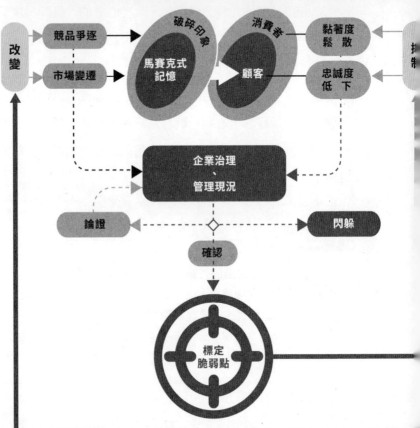

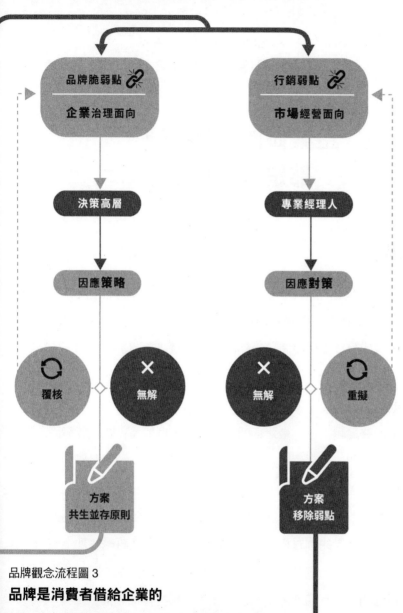

品牌觀念流程圖 3

品牌是消費者借給企業的

幾乎所有品牌都有脆弱點,而且大多涉及經營策略或公司
治理,需由決策高層妥善面對,而且不要跟行銷弱點混淆。

Chapter 4

品牌的第四個重要觀念

企業做的所有事，
都是品牌的事

　　每次有企業主問我，應該如何決定品牌專責部門的位階和主管職級？我的回答一點都不簡單，記述如下。

　　品牌的執行單位視同一級部門，主管職級比照一級部門。因為「品牌呈現」的內容包羅萬象，牽連研、產、銷、通、服，我建議的部門定位為「整體印象管控與整合運用」。

　　部門關鍵職掌之一是跨部門橫向溝通，例如要反映消費者意見給產品部門，要評估廣宣部門的產出有無違反內涵並有權無限分享業務部門的市場動態分析。

　　品牌部門的特性帶有查核導正功能，跟財務部門的稽核功能若合符節，兩者的本質相異，但運轉方式類似，在組織管理上屬於競合型單位，易遭其它平行單位消極不配合或抵制，因此要提至一級部門。而且品牌部門單位主管的人格特質最好抗壓性高、

妥協性低、外圓內方，這種人材不好找，實在找不著，可別降低用人標準，萬一找了和氣圓融的主管，反傷查核導正功能，倒不如懸缺，由上級長官暫代。

既然有執行單位，一定會有決策單位囉？只對了一半！先解釋執行與決策分離的原因。基本上，品牌應被算進企業變動資產，它比土地、設備等有形固定資產要難以估值，但它直接影響市場攻略成敗，具有行銷上的重大意義。企業長期持有土地，慢享增值紅利，有利於籌謀經營進退；長期妥善操作品牌，慢享消費者偏好紅利，則有益於規劃經營戰略。

在增值這點上，無形資產的品牌可不輸、甚至有可能完勝有形資產的土地。有鑑於此，品牌決策既是權力，也是責任，而且是影響經營的重責，怎麼能隨便交給部門主管呢？一位懂得品牌執行與決策分離原則的主管，也絕對不敢輕易接下決策重擔。

好，為什麼前面說「有決策單位」這句話，只對一半？如果品牌單位的位階低於核心決策圈，單位憑什麼做決策？品牌決策當然應該由核心決策圈享有並承擔，可歸屬於總經理，並編配總經理室幕僚出謀劃策，或者直屬董事會，由董事長視董事為參議以果斷決策。所以說，品牌有決策機制，但沒有決策單位。

用這樣的組織安排，品牌部門雖跟其它平行部門同為一級部門，但實質上比較大，好像行政院下有十多個部會，內政部享首席部會之尊。平行部門主管不必吃味，你想想，品牌部主管既要

扮演討人厭的查核導正角色，又要向上請示決策，還不能隨心所欲的向上管理，那位子好坐嗎？

組織問題，由主子主治

品牌為無形變動資產，這個概念距離形成台灣本土企業的共識還早，許多企業主不僅不認同，還視品牌部門為花錢不賺錢的成本單位，經常限縮部門有權動支的預算，人資受限預算只好找便宜但沒專業的人力，導致部門工作效率不彰。

有些企業主更絕，乾脆不設專屬部門，打散職掌到市調、客服、通路、公關等部門，品牌執行項目消融入各單項領域，一舉把品牌執行從總體宏觀打落到個體微觀，喪失高度，切不出正確執行角度。更嚴重的，形同廢掉查核導正功能，沒人站出來替品牌說話維權，各部門也樂於憑單位意志扭曲抹煞品牌內涵。品牌寄人籬下，如爹娘俱逝的孤兒，沉淪到一潭泥淖，萬劫不復。

沒錯，除了真正擁有專業的人力超級有限以外，造成品牌成長停滯或退化的主要原因，竟然可歸咎於錯誤的組織架構。

每次當我詢問企業怎麼安排品牌的管理機制，以及專責單位在組織的位置，得到的答案若是執行與決策集於部門一身，或有關功能散置於各部門，我就心知肚明，該企業的品牌問題必定叢生，要優化，大手術跑不掉。

想造就品牌成為無形變動資產，決定因素在企業主身上。光就決策責任而言，品牌成敗在決策面取決於經營最高層級，至於執行責任，有決策者在上頭扛著，樹蔭底下好乘涼，主管有主子撐腰，放手做，壓力小很多。主子在企業食物鏈最上端擺的姿態，決定了品牌在起跑點是蓄勢待發還是慵懶躺平。

創業經驗豐富的股東深知品牌的資產價值，創業時就會將品牌管理放在事業計畫（Business Plan）裡專章規劃，也會將品牌部門擺進組織架構。尤其嚐過品牌高估值滋味的連續創業者，一定會回想起無形資產帶來的投報率，早早安排品牌這個金雞母。

舊的管理實務有所謂「產銷人發財」的五管說法，很多企業現在仍奉行不輟。五管明白偏重市場導向，用 S&M（Sales and Marketing）貫串經營及行銷系統，執行企業管理，未曾留意在 S&M 外，還有從消費者導向衍生出來的品牌系統。一個勁兒地在經營及行銷系統挖掘鐵礦，低頭辛勤耕耘，卻忽視品牌系統這道天邊彩虹，坐失身旁金脈，未能享有苦心經營企業的附加成果，十分可惜。

隨時代遞嬗，企管五管說總算升級，「產銷人發財資」的六管說出世，其思惟仍舊不脫 S&M 單行道，品牌依舊杳然無蹤。台灣企業還要再坐擁品牌寶山卻渾然不知多久？且讓我把「品」字放進去，姑且不論排名順位，「產銷人品發財」這六管滿順耳的，不是嗎？品字擺中間，提醒企業知道靠消費者導向規劃品牌

發展策略，在市場導向之外開發第二條路線，準備淘金。

別在乎企管學者認不認同我的六管說，他們退步，你的企業可別跟著不長進；別顧慮企管顧問跟不跟得上六管說，他們落伍，你的企業可別被牽著鼻子走。倘若你是企業主，身為主子的你，擁有主治品牌在組織內問題的一切權力，捨你其誰？

品牌部門在做些什麼？

說到這裡，必須釐清品牌決策在做什麼？品牌執行又在做什麼？還是舉例說明，台式炸雞連鎖頂呱呱，在美式炸雞店引領潮流的那幾十年，始終維持特色，以不變應萬變，靠一群偏愛傳統台式重口味的消費者鞏固市場地位。

不過，到了韓式炸雞店引領風騷的近幾年，口味更重且變化多端，消費者的味蕾嚐到了新刺激，多少侵蝕掉頂呱呱的市場利基，在型態多樣的美式炸雞店以及新崛起的韓式炸雞店夾攻下，它再老僧入定也很難對眼前的威脅視而不見。

容我來模擬而非推判它的因應之道開拓過程。鞏固市場的手段分兩條思路，第一條自然是提供既有顧客更好的用餐體驗，體驗中的味覺感受，涉及口味調整的兩難，經典重口味固然令許多人敬而遠之，卻也是吸引一些人重複消費的主因。更重要的是，那股台式重口味才配得起顧客對呱呱包等櫥窗品項的情感連結。

遙想 1985 年可口可樂曾經更改口味，在核心消費者抵制下，三個月後便又改回經典老味道的教訓不遠。慢慢增加口味不同的新品項可行，但貿然改掉重口味，它的特色就消失了。

口味的調整得且戰且走，用餐體驗另一重點的視覺感受，便代替味覺感受披掛上陣，於是現代簡約風調性的新開店面，成了傳遞嶄新「品牌呈現」的主要來源，以前那種吃完走人的用餐環境的確跟不上時代，希望新的用餐氣氛營造年輕的形象。這是第一條思路。

第二條思路的焦點在開發新利基市場，為降低拓店成本帶來的資金壓力，店型視商圈特性彈性規劃，如學校附近開設外帶多於內用的小型店，觀光商圈則不惜重本開出旗艦店規格。透過靈活的拓店策略試出利基再重兵投入。這是第二條思路。

這兩條因應市場變局的思路，屬於品牌決策要做的事。那品牌執行呢？先說清楚，品牌執行與行銷執行，完全兩回事。後者秉承行銷策略，實施如新口味產品研發、新區隔消費者調研、第二通路規劃、店格與調性規劃、服務流程改作、物流倉儲管理……等等，如同建築工程，負責現場事務像工地管理、購料進料、工班協調、機具調度、進度掌控的工程師。

行銷策略從何而來？理所當然從品牌決策而來，先構思品牌、後構想行銷，才能在日後享有品牌紅利，一般企業直搞行銷的習慣，該改改了。

至於品牌執行，同樣要遵循品牌決策並嚴格查核行銷執行是否謹遵決策？執行者的角色如同建築工程的監工，憑藉有關資料如承重配重指令、設計藍圖、水電配置圖、料件細項、成本估算表等等，仔細查察核對現場工程並糾正舉報違誤，以確保建築品質及管控成本。

　　易言之，品牌部人員可比喻成監工，替企業監管品牌，部門需要有一套執行監管的作業準則與作業流程，擺脫人治的偏執，一方面控制所有由企業方主動投送的訊息與訊號都符合品牌決策的規範，二方面時時監看蒐集外界丟到品牌身上的資訊與訊息並妥為因應。從監工概念看，品牌部的任務更具有品管、品檢或品保的工作性質。

　　獨立的品牌決策機制，以及獨立的品牌執行部門，已是台灣企業無可迴避且刻不容緩的議題，就算經營者不在乎未來收不收獲品牌紅利，也不應輕視品牌受傷所引發的企業體內免疫風暴。

我的品牌黑洞說

　　關於社會大眾或消費者會把所有好惡記到品牌上，並且跟品牌算總帳的事，事實俱在，無須懷疑。企業做的所有事，從經營、行銷、財務、管理、傳播到公益、社群、ESG，統統跟品牌有關，可以這麼說，企業的所有問題，都是品牌問題。品牌在心

佔（Mind Share）領域發揮影響人心的力量，與行銷在市場發揮影響行為的力量，左右分流，構成企業總體競爭力。

然而我們必須更深地理解，左右分流的心佔與質變為消費體驗、產品經驗等感受的市佔，一旦進入人的大腦，必定左右合流，合併成單一的破碎印象，記憶在腦海裡，整併到品牌的整體印象上。

也就是說，你為市佔與心佔所做的全部事情，最終全由品牌承受。品牌如同粽子頭，一拉一大把，整串粽子的重量透過棉線傳送到粽子頭，人們在撈企業這串粽子時，不可能一顆一顆撈，一定找到粽子頭一氣撈出，如果認定粽子頭美味可口，好感便移情給其它粽子，反之亦然。

品牌天生就是用來概括承擔所有企業作為的，所有作為也會無差別地被吸附到其上，這巨大的磁吸作用，大到像宇宙中的主宰者黑洞。黑洞存在企業裡，你看不到，其實經常是你對它視若無睹，但不論你承不承認它的存在，任何接近它的都會被龐大引力吸入。沒有顧好的黑洞足以摧毀一切，顧得好的黑洞能產生天文物理學的時空扭曲，成為蟲洞，協助物體跳躍到另一個時空。亦即，好的品牌黑洞能夠讓你跳昇到上級維度，甩開競爭對手。

禾聯家電（HERAN）剛出道時，以低價拚出一塊市場，比較像個牌子而不像個品牌。因為它的家電價廉而堪用，被戲稱為房東牌，意指房東為省錢才會買，也有戲稱尾牙牌的，意指公司企

業買來當獎品抽的。長此以往，它只能靠影響消費者行為的行銷力量蠶食市場，沒辦法依賴影響人心的品牌印象擴張市場，沒有好好打造的品牌力甚至會變成一個壞的黑洞，將行銷努力吸進去，讓大眾看不見它的努力。

所幸，禾聯近年開始把資源分到品牌營造，提昇傳播內容質感，注重網路負評口碑制衡，加強售後服務，從市佔率的單線戰轉為兼顧心佔率的雙線戰。如能持之以恆，且有具體的品牌決策機制與品牌執行單位，少則五年，長則十年，現在的壞黑洞有機會變成好黑洞，到時品牌初具防護力，可憑藉介於二、三線品牌的定位，降維打擊其它三線品牌。再經過十年左右，當品牌養成攻擊力，就可穩佔二線品牌的定位，升維跟其它二線品牌纏鬥。

那麼，你發現你的品牌黑洞以何種樣貌存在企業裡嗎？放心，黑洞不會不在，只是或好或壞。

關心過你品牌的 G&P 嗎？

禾聯自三線力爭上游朝上躋身的過程，等於是該品牌在三線記憶階梯逐步上攀，並試圖跳躍到二線記憶階梯這個新區隔的過程，必須一步一腳印，其間要大量提供正向的「品牌呈現」，同時抵銷覆蓋負向的品牌呈現。

有人會疑問，為什麼我推測階梯攀登與階梯轉換的耗時會那

麼久？難道沒有一蹴可及的路徑？

答案會讓心急的企業主失望，沒有！沒有就是沒有。

市場佔有率有高速爬升的機會，市場份額、銷售數字、營收利潤都可能藉由推出新品、促銷、讓利而加速超越對手。但影響人心可不簡單，心佔率的變化在沒有罕見的爆炸性事件刺激下，天生慢動作，比市佔緩慢得多。打個比方，如果市佔的成長像獵豹，心佔的成長就像樹懶。

我來做一件少有人做的事，拆解商業心佔率。

消費者的大腦會替互為競品的品牌標註兩個記號：等級（Grade）與偏好（Preference）。你常用的每一類產品，無論是耐久消費品、奢侈品、民生必需品、精神慰藉品……在腦中都自有等級與偏好的既定位置。

等級標註發生在採取購買行為之前，以及使用產品的過程，屬於理性行為，如比價、口碑查詢、使用體驗等，消費者會根據理性評價把產品品牌分別放置在高低不同的等級位置。偏好標註發生在實際使用產品之後的階段，屬於感性行為，如使用體驗的主觀總結、網路社群討論影響等，消費者會根據感性評價把產品品牌分別放置在高低不同的偏好位置。經由大腦化繁為簡的運作設定，這兩個位置最終會揉合為一，形成你對該類品牌的「等級偏好」（G&P），也就是心佔率的具體內容。

當購買行為再度發生，G&P 就會成為你重要的購買考慮因

表3　我的等級偏好表（G&P）

	牙膏	出遊國	球鞋
仰望品	雲南白藥	東歐	NIKE
慾求品	高露潔	美加	adidas
慣用品	白人	日本	Lotto
備選品	黑人	南亞	New Balance
忽視品	舒酸定	韓國	Royal Elastic

素，而且每一次的產品使用經驗和品牌接觸經驗，都會被用來修正你對該品牌的G&P。

為了方便你理解，我以個人給予牙膏的G&P為例。

我深受以前看過林語堂大師有篇文章中一段話的影響，林大師說他請教一位醫生朋友，如何判斷成份不同的牙膏好壞？朋友說主要在研磨劑，其餘成份用處不大，所以牙膏毋庸評論好壞。林大師的時代，牙膏成份單純，現在牙膏名堂可多了，但刷牙習慣與正確刷法，大概勝過含量有限的添加劑吧。

就這樣，我的牙膏選擇基本為價格取向，再加上同樣牙膏產

品不要連續用太久的原則，常態慣用品是低價位的白人牙膏，偶爾搭配備選品的黑人牙膏或價位高出很多、列為慾求品的高露潔牙膏；至於舒酸定，只用過牙醫贈送的迷你號，列在忽視品；據說有獨家健齒配方但售價甚高的雲南白藥牙膏，則列為我仰望而不可及的產品。

除了牙膏以外，我在表 3 中另外列出我個人的國外旅遊等級偏好，以及球鞋等級偏好供你參看，你不妨也試著列出自己的產品品牌 G&P，從理解個人的心佔分佈狀況，進而理解你所經營品牌的心佔分佈。

等級標註和偏好標註跟消費慣性有關，慣性可以保護人們在做消費決定時少冒風險，有了慣性在制約人的消費行為，才達得到產品黏著度，然後才養得出品牌忠誠度。

因此競逐市場的各個品牌，無不使出看家本領試圖改變目標對象的、其實正是我提出的 G&P 現況，期望將競爭品牌的標註移出慣用品位置，這是攻擊；攻擊時同步也要防禦，讓自家品牌力抗競品的攻擊，牢固在慣用位置。攻擊加防禦，耗時費錢且消磨心智，要想移動別人或移進自己，非常不易，沒有一步登天的可能，而且絕對考驗耐性。

沒事別改名，改名是大事

　　做個幫助你歸納的小結。企業做的事，全領域、全範疇，全數吸納入你看不見但確實存在的品牌黑洞，全部為一件事服務——爭個適當的 G&P 標註位置，把產品扶上消費者購買清單，把品牌捧上消費者心頭，然後當機會或威脅來臨時，做好準備，老神在在地面對消費者翻出品牌印象帳戶跟企業算總帳。

　　既然在 G&P 圖表上談到了牙膏這項產品，就順便討論黑人牙膏 2022 年三月更改品名一事。這可是件天大地大的事，屬於品牌決策的極重大決定，如無極難抗拒的狀況，奉勸各大企業絕對不要輕易做這種改名換姓的事。

　　高露潔棕欖集團旗下的好來化工（Hawley & Hazel）很早就感受黑人品名涉及種族歧視的困擾，產品的英文品名原來用的是 Darkie，譯成語意接近的中文，意思是「老黑」，為慮及黑人觀感，避免成為種族歧視的標靶，英文品名率先改為 Darlie，直到黑人維權運動風起雲湧般崛起，為求避險，索性直接使用企業名稱的「好來」。

　　此一品牌決策絕非商業考量，而是為企業拆除一顆政治不正確的未爆彈引信，用重新打造品名的高成本，換取企業經營的低風險，代價非常高昂，但正面回應企業社會責任的世界潮流。

　　單純站在品牌立場看，「黑人牙膏」這個品牌名稱早已是龐

然巨物的黑洞，而且是一個好黑洞，黑洞吸附進的各種品牌呈現，量巨質精，其認知狀態一致性與意識殘留沉潛深度俱優，印象拼圖清晰完整，在牙膏這個區隔市場中，它的 G&P 標註雄踞慣用品，跟高露潔分庭抗禮，難以撼動。

一旦改名，靠著密集的超量廣告，告知消費者之餘，希望用唱的把「……以前的黑人牙膏，就是現在的好來」的印象，迅速確實地擠壓堆疊進大眾腦海裡。目的是什麼？如果你忘記了，現在趕快複習，目的就在於將陌生的新品牌名稱拱上牙膏記憶階梯的前端位置啊！

在品牌決策機制拍板的那一刻，進入情況的品牌執行者心知肚明，接下來打的一定是知名度戰爭。

「黑人」的高知名度無法自動轉移給「好來」，原本成熟的黑洞雖然不會隨著「黑人」這個品名退位而消失，但「好來」如果不能有效地貼附上屬於「黑人」的黑洞，印象帳戶中積存的成堆品牌呈現難以庇佑「好來」，問題就嚴重了。

「黑人」的忠誠顧客還好，因屬該產品的高涉入（High-Involvement）群體，他們會較快地把「好來」跟「黑人」的印象帳戶連結起來，G&P 標註有望持穩。問題在於潛在消費者以及未來會成為消費者的社會大眾，因屬該產品的低涉入（Low-Involvement）群體，需要外力引導才能將「好來」跟「黑人」的印象帳戶連結。這樣說吧，好來化工花巨資傳播，為的是將來，

否則改名後可視為品牌競爭力領先指標的心佔率會先掉，繼而拉下市佔。

　　只要碰到必須改名的情況，企業投注到拉抬新品牌名稱知名度的資源唯恐不及，不會嫌多。經典案例如松下電器轄下的 NATIONAL，是白色家電產品品牌，後起的 Panasonic 是黑色家電產品品牌，兩牌並用多年之後，該企業做出品牌決策，放棄具有悠久歷史的 NATIONAL，獨留 Panasonic 涵蓋所有產品，在品牌執行上也毫不馬虎，終於讓 Panasonic 的品牌黑洞順利吞噬另一個。

比生財工具更值得投資

　　再次強調，品牌等於生產、製造、經營、管理、行銷、業務、售服、傳播……的總合。設立企業的目的是參與商業發展、謀求資本報酬，投資企業獲得的附加價值是促進經濟繁榮、善盡社會責任，經營企業的回報則是品牌永續、養成無形變動資產。

　　在台灣，品牌的能耐被高度低估，品牌的潛力被嚴重輕忽。我曾經用兩年時間，藉由服務客戶的機會，故意請教企業主：企業最事關重大的一個經營項目是什麼？統計約三十多位企業主的答覆，「穩固的市場佔有」最多，其次是「投資報酬率」，「擴張市場」、「公司治理」、「人事穩定」、「政商界人脈」等較少。

毫無意外地，「建立成功的品牌」排名最後面，僅有一位視品牌為最事關重大的經營項目。我實在不忍品牌如此不見天日，特別挑選對企業經營有直接貢獻的三項，希望企業看在有「近利」可圖的份上，別讓品牌繼續窩在角落當灰姑娘。

直接貢獻 1：企業和輿論之間的緩衝

　　網路的兩面刃，逼使企業急於建造防火牆，預防不測。靠公關與網路操作造出的防火牆，誰都曉得沒有攻不破的，唯一可靠的防禦武器，當然是有優質印象帳戶掛保證的品牌。

　　舉例說明，宏碁集團在資訊科技典範轉移的洪流衝擊下，上沖下洗好幾回，其中義大利籍總經理兼執行長藍奇（Gianfranco Lanci）因行銷策略問題及產品路線之爭，遭董事會迅速解任，業界譁然。為穩軍心，創辦人施振榮披掛上陣，督軍進行企業第三次再造。

　　施振榮的個人形象極佳，個人品牌資產豐厚，雖然資訊界對他能否再次帶領宏碁脫困轉型有異音，但企業界則普遍給予正向期待。施振榮的個人印象帳戶存款之豐，足以為整個企業背書，輿論在這個撤換執行長的風波中，給予宏碁正向期待。施振榮的個人品牌黑洞之強，負向輿論遭襲捲吸納，多數消弭，他還能擔任企業防火牆，提供企業品牌黑洞運轉能量。

　　這就是心理學上的「馬太效應」（Matthew Effect）移轉作

用，施先生超優質的個人品牌力，讓輿論對他同意的換將決定自然產生直覺認同，這種直覺認同甚至散射到企業品牌黑洞，福庇了當時震盪中的企業，並相當程度安撫惴惴不安的投資人及業界情緒。

僅少數企業能享有主事者個人品牌庇蔭，多數企業還是要集中精神在企業品牌上，做出好黑洞，才能在壞消息浮現時期待馬太效應發酵，緩衝輿論的破壞力。順帶一提，壞黑洞會在消費者心中產生「尖角效應」（Horn Effect），也就是順著之前不良的刻板印象，讓負面情緒渲染到企業做的其它事情上，使得情況雪上加霜。

直接貢獻 2：永續經營的本錢

企業與品牌，哪個壽命長？

台灣經營者談到永續，想到的一定是企業體，因為那是他們看得見又握得住的所有權。交棒時，一定是叮囑接棒者「公司交給你了」，幾乎沒有經營者會說「品牌交給你了」這樣的話。事實上，企業會退場，品牌能永存。

代工盛行的年代，經營者牽掛的當然是企業體，到了新時代，即便代工業者，該牽掛的應是消費者借給你的品牌。品牌活躍在消費者腦海中，經由消費行為代代相傳，利上滾利，厚積資產，而企業體不過是一個變動的組織，在多項因素如分家、股權

變更、產業環境等介入下，面臨解構、解體甚至解散的命運。

品牌與企業孰重？宜三思。

SOGO 這個在日本已式微的百貨品牌，在台灣百貨界可是響噹噹，控股企業由太平洋轉到遠東接手，品牌名從太平洋 SOGO 改成遠東 SOGO，名字改了一半，為什麼屹立不搖？因為前面掛什麼不重要，大家認的是 SOGO，它的印象帳戶優，它的 G&P 標註穩，它的黑洞強，它的壽命比控股企業長。

所以試著改個講法吧，別再講企業永續，改講企業品牌永續，如何？

直接貢獻 3：好感度促成忠誠度

好感度是常用來檢查品牌心佔狀態的標準之一，好感的定義比較模糊，雖沒有 G&P 等級與偏好標註精準，但在調查時會被單獨立項詢問受試者，還是具有參考價值。

一般認為，消費者的忠誠度主要來自產品和服務，沒錯，使用產品所產生的好感，以及體驗服務所留下的好感，不就是好感度的來源？還有，產品與服務好感不是會蔓延到品牌上、替品牌好感度加分爭光嗎？都對。然而，別忽略了品牌跟產品、服務之間存在的雙向流動特性。當你對某一個品牌好感夠強烈，強烈到稱得上偏愛的地步，此時的品牌好感度會回流給產品、服務，強化你對產品、服務的偏執，同步增強產品忠誠度與品牌忠誠度。

這種藉由產品、品牌的好感雙向流動所強化的忠誠度，十分堅實，很難動搖。像台灣人對日本的家電、汽車，就有這樣堅實的忠誠度，對日貨的好感溢滿心佔，歐美競品再怎麼優異，理智上審視超越了日貨，但情感上的偏愛加偏執，讓台灣消費者在購買家電、汽車時，情有獨鍾於日貨。日立冷氣的顧客，終其一生換購日立，可能會移情到大金，但始終忠誠於日貨。豐田汽車的顧客，一生換三、四輛車，從 YARIS 換到 CAMRY，一路豐田到底，即使移情它牌，了不起本田、日產等日系品牌，歐美車也還是沒機會，可見品牌好感度終究會回過頭來助忠誠度一臂之力。

以上三項品牌對企業的直接貢獻，不知道是否讓你對於企業做的所有事情都跟品牌緊密連結更有感？一切好事與壞事，全數記載於品牌功德簿，該還的恩情，該算的總帳，品牌概括承受。你放心，它若長期接受好事的餵養，不忘知恩圖報，如果不報，時候未到，時候一到，就懂它的好。

讓我用實例結束這一章吧。

第一章提及頂新事件牽累味全，味全旗下的牛乳產品品牌「林鳳營」也遭受波及，消費者社會運動般地秒買秒退，通路爭先恐後地退貨下架，原本銷售居冠的買氣重創，該品牌耗費二十幾年亮麗，僅用數週蒙塵，眾人懷疑它能否撥雲見月、重返榮耀。我記得當時跟幾位朋友討論此事，大家一致看衰，只有我評估林

鳳營的品牌力厚實，好感度與忠誠度雙向流動順暢，品牌黑洞滿滿正向印象，絕對挺得過去。

經過一段不算太長時間的韜光養晦，林鳳營先用促銷試水溫，逐漸地，以往累積的人氣存款從印象帳戶中提取出來，作為重出江湖週轉之用，靠促銷重聚的人氣總算帶回核心消費者的買氣，產品成功回歸。味全幾十年來養成「林鳳營」這三個字，在危急存亡之秋，站出來擔當企業的護盾，在企業療傷止痛期提供有效保護，不久地將來，我們或許會看到一個林鳳營拯救了整個溺水的味全也說不定。

那麼，你的企業有護盾嗎？還沒有的話，記得護盾只能經由品牌取得。

即學即用

1. 訂出你的品牌在區隔市場的 G&P 位置，並藉以回推存在你企業內的品牌黑洞是好的黑洞或壞的黑洞？

2. 你的企業組織如何劃分品牌相關事務的權責？是否明確區分決策面與執行面？是否有獨立的品牌部門負責執行面工作？如無，原因是什麼？

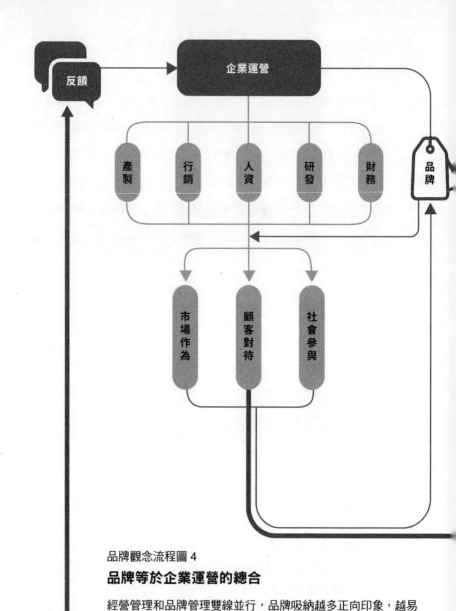

品牌觀念流程圖 4

品牌等於企業運營的總合

經營管理和品牌管理雙線並行,品牌吸納越多正向印象,越易
形成好的品牌黑洞,讓心佔率跳躍至有利的 G&P 位置。

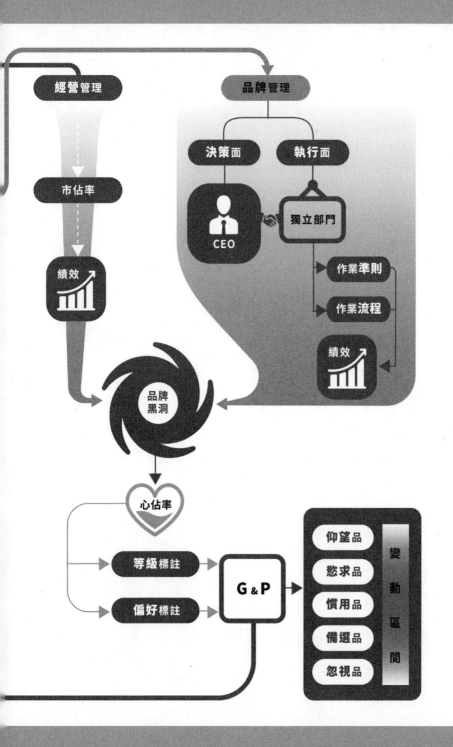

PART 2

澈底釐清

形象無法一蹴可及，須逐層爬上「印心想形」

指導規劃企業品牌管理，動輒遇到經營者缺乏耐性，以為憑藉行銷就能強推品牌橫空出世，如哪吒出生九天即可飛上天，威風凜凜。我要鄭重其事地奉勸，品牌誕生時，一點戰力都沒有，你要養它、呵護它、教育它，耐心等它長大，再期望它回報養育之恩，別忘了，就算哪吒也要待在娘胎中三年啊。

俗諺云「大隻雞慢啼」，按部就班把小卒養成將軍，實力比肩其它將領，當品牌、產品、通路、行銷、網路、活動、傳播，眾將齊出，勢不可擋。但是千萬別在它仍是個小卒時就期待它領軍出陣，它還有待磨練，必須在產品力、通路力、行銷力的掩護下歷練。若為揠苗助長而誤信偏方妙藥，它很容易變成扶不起的阿斗，讓你徒然興嘆「牌到用時方恨弱」。

品牌的生涯頗為類似人的一生，人類長到而立之年，已經過

了生命的三分之一，好在品牌沒有壽限，保養好的話，百歲的年紀一樣身強力壯，繼續為企業效命。切記，品牌不怕慢啼，就怕你讓它當個兒皇帝。

步步為「贏」，沒有直達電梯

請你放棄一步到位的想法，安分守己地一級一級爬樓梯，循序漸進地踏穩每一步。即使許多人告訴你他們為你搭建了電梯，一鍵即達，但你可別誤入那樣的「竹筒圈套」，意思是空心專家像竹筒般，外表翠綠搶眼，但剖開裡面空無一物。

嚴格來說，用爬樓梯形容品牌的養成過程，或者說品牌的熟化過程，並不準確，樓梯拾級而上，憑毅力登峰不難。然而，熟成品牌所需時間以年為單位，要在每個樓層住上很長的一段日子，像登高峰，得在幾個中繼站紮營休息，回復體力再上攻，如單憑一股血氣，一鼓作氣強登，輕則鎩羽而歸，重則危及性命。

經營者要「凍」心忍性，凍結對品牌的超齡使用，別視品牌為童工，讓品牌在當前的樓層好生安頓下來，吸聚好的訊息與訊號，厚植印象帳戶，慢慢拼組印象拼圖。前章說明了 G&P 標註對心佔率的意義，心佔又跟記憶階梯的位置高低息息相關，我現在要來深入解析記憶階梯跟四層樓架構的關係。

你應該曉得傳統行銷有一個說法，強勢品牌的市場佔有率如

達到 88% 左右，就擁有絕對競爭優勢而難以扳倒，足以宰制市場並制定遊戲規則。

二十世紀、八十年代前，此種近乎獨佔市場的巨怪所在多有，其後，各國政府為免寡頭壟斷導致消費者弱勢及產業發展受制於少數企業，立法強迫巨怪拆分或限制併購，所謂沙皇型私人企業不復見。之後直到巨擘如 Google、臉書、亞馬遜制霸網路世界，寡頭壟斷的質疑重啟，各國政府抑制巨擘的聲浪再起。

由此可見，資本主義主導的自由市場經濟，其實講的是有限度的自由，想當第一品牌可以，想當唯一品牌不行；想成為富可敵國的企業家可以，想打造沙皇型企業不行。政府樂於培植一個產業，卻不樂見一個企業等於整個產業，如南韓三星這個實力可撼動國本的沙皇型企業，創造出只有企業產業鏈、沒有產業生態圈的倒三角狀產業結構，三星大到不能倒，因為一家企業如尖錐般扛住全部產業，一旦倒下，全產業盡數滅亡。

在人為限制的商業環境，企業想從 A 點三步併兩步跑到 Z 點極不可能。同理，待在記憶階梯的品牌，想從階梯尾三跳兩跳地攀上階梯頭也極不可能，更別說想從二線品牌階梯邁一大步就升維到一線品牌階梯，根本絕無可能。

拳擊比賽根據體重區分羽量級、輕量級、中量級、重量級等，羽量級選手挑戰重量級的，玩命；戰力青澀的品牌越級挑戰戰力威猛的，找死。其實，用拳擊比賽比喻品牌戰不算恰當，畢

圖 2　品牌養成四階段

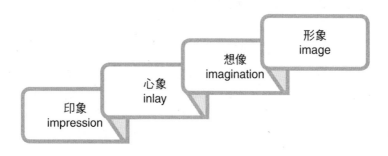

竟拳擊選手的體重終其一生起伏不大，羽量級的了不起增重上到輕量級，少有機會上到重量級，這點跟品牌的四層樓架構不同。

四層樓架構跟企業規模和市場區隔無關，只跟企業自己在消費者心中的份量有關，份量夠了，在人心中自動升級上樓，份量不夠，留樓查看。比較類似田徑或球類比賽的晉級制，四層樓架構中，第一層「印象」如初賽；第二層「心象」如複賽；第三層「想像」如準決賽；第四層「形象」如決賽。概念可見圖 2。

新進入市場的品牌當然要從初賽打起，經營者再怎麼自我感覺良好，斷無越級挑戰可能，因為消費者的心是最公正的仲裁者，面對陌生品牌，印象帳戶存款是零，G&P 標註一文不名，剛看到記憶階梯，但連梯子都還沒碰到，上面又擠了一堆現行品牌，必須乖乖地在下面紮馬步，想盡辦法讓消費者知道、看到、用到、想到，慢慢堆積印象，存款進帳戶，存到一定數量，才有資格讓自己的身影在 G&P 標註中浮現。

沒有印象，哪來的形象？

大家習慣說品牌形象，也不覺得有什麼不對，我就謹慎得多，常常跟企業主說「貴公司的品牌印象」，不隨便把「形象」二字安在新進品牌或尚未成功抵達第四層樓的既有品牌身上。

你可能還是心存狐疑，讓我舉人際關係為例說明。你經人介紹認識位新朋友，兩人點頭寒暄，之後你向人提起他，是否會說：「我對他的印象如何如何」？或者會說：「他這個人的形象如何如何」？說印象是反映實際感受，說形象則顯得輕浮，至少太早下定論了。新朋友，總得來往一段日子，交淺言深也好，君子之交淡如水也好，那人言行與三觀逐漸在你心中，一層印象又一層印象的累積，大抵有了輪廓，才有辦法對他的形象品頭論足。

可是你會說，很多人真的在初見別人時，就表示「我覺得他的形象如何如何」啊。沒錯，這通常指外在形象，用服裝、髮型、造型等傳遞的表面模樣，跟品牌形象定義的形象，僅有少部份相同，如 VI（Visual Identity 視覺識別）可類比為服裝，產品包裝可類比為造型，廣告可類比為化妝髮型。光靠外在樣貌，不足以充實品牌形象的十分之一，就像一個人的形象若光憑穿著與妝扮撐持，別人很快就會說：「他的形象很表面，欠缺內在」。

我們可以負責地去評論一個人，一定需要一段日子的相處或透過不同管道的了解，同時間，這個人也在找機會發送各種訊息

給你，試圖影響你對他的看法，這種互動跟品牌與消費者間的互動相似，都要踏在許許多多片段印象的基礎上，逐步從破碎到完整，從模糊到清晰。所以說，品牌絕不是一開始就有形象的，不細究品牌在社會大眾或消費者心中所處的整體位置——亦即所在樓層，就約定俗成地說它的品牌形象如何如何，失之輕率了。

　　確認品牌在消費者、尤其是在核心消費者心目中的真實象位，才不致高估品牌影響力。參與品牌管理、建構或顧問的人，不要只知其一、不知其二，宜慎用形象二字。我經由實務經驗加上鑽研分析，歸納出熟化品牌必經的途徑，敘述如下：

企業藉由多種行銷操作，製造出許多片段而零碎的「印象」並投送給消費者，持續堆疊後成為固定在心裡的深刻印象，也就是比較完整且清楚的「心象」，從而誘發消費者基於偏好的促動，運用「想像」自行補足缺損模糊的心象，直到建構出專屬的固定「形象」。

　　這段不算短的敘述，是定義也是過程，指出品牌從問市到成熟，逐層攀爬的生命歷程，其中幾乎沒有人提到過心象階層與想像階層，企業往往在操作時忽略了關鍵的這兩層，有很大機率做出錯誤的品牌決策，並把資源用到失當的品牌執行上。

　　四層樓架構的第一和第四層樓，印象來自包含企業本身與企業之外的來源，消費者較單純地接受。形象是所有認知從感官一路深入錨定在潛意識，走完心智程序的感受總結。

心象發生在人的心裡，在無知覺狀態下，由大腦機制自發耦合完成的心理反應，也就是我在第一章說的大腦管制馬賽克記憶的三個領域：記憶編寫的自動簡化與隨意歸併、記憶儲存的異質混同與同質覆蓋、記憶提取的偏誤位移與錯置標籤。

有「心、想」，才能事成

心象所在的第二層樓是發生大事的地方。可以這麼說，在這層樓耦合完成的印象，方向大致抵定，如同人腦中央處理器運算出來的一份調查報告，指出該用何種態度看待特定品牌，以及給予特定品牌的基本評價。在第二層樓發生大事時，雖說企業沒辦法干涉，但適用「Garbage in , garbage out.」的道理，企業能掌控的自發性「品牌呈現」，至少能供給「調查」所需的一半資料，影響第二層樓做出的報告內容。

調查報告做出的方向性結論，是第三層樓運作的依據。此時G&P 標註幾近明朗，用一句話形容，消費者「心」意已定，大腦開始啟動補強，想像力介入運作，好品牌獲得加分，壞品牌慘遭扣分，也就是統計上的加權（Weighting），想像被用來雕琢修飾印象拼圖，成為最終的形象模板。

印、心、想、形的四層樓架構，恆常運作中，人的感官持續接收「品牌呈現」，源源不斷送到大腦，一再修改第二層樓心象

提出的調查報告，重複啟動第三層樓的印象拼圖雕琢修飾工作，因此，其實第四層樓的形象模板沒有定稿的版本，永遠在變動中。企業拿到消費者出借的品牌形象，別以為曾經擁有的等於是天長地久的，形象逆轉可能在一天內發生。

舉房仲業為例，來說明幾家主要業者在我心中的品牌象位。

由於個人買賣房屋的仲介業者選擇考慮因素，加上跟不同業者的接觸經驗，再加上耳聞眼觀的「品牌呈現」，我的品牌象位跟你的會有所差異。

停留在第一層樓印象位的有：全國、僑福、ERA、有巢氏。還在由第二層樓撰寫調查報告、等待釐出方向的有：群義、東森、21 世紀、大師。已經進到想像補強、正在雕琢形象的有：住商、中信。走完過程、推出形象模板的有：信義、永慶、台灣。

真實象位在哪裡？別欺騙自己

我之所以要解說四層樓架構，原因在太多經營者堅信形象跟著品牌一起誕生，太多誇稱大師、達人、教練的竹筒型專家，動不動形象來形象去的，弄得企業主誤認做品牌等於做品牌形象，而表面功夫等於形象，只要做了表面功夫，形象自然來。大謬！

先知道自家品牌的所在象位，同時摸出競品的象位，比較有把握在正確的戰場用兵。如在印象位，該投送更多的「品牌呈

現」，除了質要顧，量也很重要。如在心象位，需要清楚哪些性質的「品牌呈現」有缺陷，例如售後維修抱怨多，趕緊改正；哪些性質的「品牌呈現」反應佳，例如公益投入被高度肯定，盡快加碼。如果在想像位，該做的事跟心象位相似，但要更加著重在「品牌呈現」的投送效率，聚焦於極少數呈現內容並集中在極少數傳播媒介。如果在形象位，值得注意到底形象偏好或偏壞？好的東西要繼續以破碎印象的形式投入第一層樓，持續補充；壞的東西既然已經存在，憑企業之力刬除不掉，便要靠新的「呈現」重跑爬樓層的過程，以新蓋舊。

在品牌管理實務上，一定會在這個四層樓的階段耗費大量工作時間，反覆辯證、來回推敲，定出象位，期間搔頭搔掉的頭髮不知多少根，怎麼可能用一兩次的腦力激盪（Brain Storming）或 ORID 焦點對話法（Objective、Reflective、Interpretive、Decisional）就能輕鬆完成？

接下來，我試著說明各樓層運作的立論根據。學理的部份，我設法找出跟四層樓架構遙相呼應的學說，但我不會去做實驗以驗證所引學說跟四層樓假說之間的科學論證關係，這檔事留待有心人去做。我的目的在協助經營者從中舉一反三，啟發企業主領悟如何讓品牌在各樓層力爭出頭。

我自始都在突顯印象的重要，因為刻板印象的暗黑力量實在太強大，投送出去的印象——其中絕大多數是企業非自發性的訊

息與訊號，重複出現幾次就很可能成為難以修改的刻板印象，完成刻板後，通常得付出數十倍力量，仍無力刮除深深刻入記憶的印象。例如台灣牙刷品牌刷樂（Shallop）給人的第一印象是廉價，多年來以價格優勢搶攻市場，固然在市佔率取得戰果，在心佔率卻顯得無力，產品不停研發，新品不斷面市，然而廉價品的印象刻得太深，有待刮除的印象殘留量大，可見的未來，暫停在心象樓層的刷樂，要繳的作業還很多。

印象樓層，用「霍桑」克服「定型」

「定型效應」（Stereotype Effect）十分適合用來解釋印象在品牌生成過程的地位。德國的 Oral-B（歐樂 B）頂著德製產品的天生光環，多年來強打牙醫指定、牙科診所推薦的品牌呈現，將品牌定型在高檔次，支撐住高價位，是成功的刻板印象操作。

會拖累品牌的刻板印象，是刻在心版上的，並非鐵板一塊，企業不必悲觀地以為困在第一層樓或第二層樓，仰攻無望。有決心與意志力，認真做，勿貪圖方便，或自暴自棄賴在目前樓層，消費者終究會肯定，會接受你跟既存刻板印象漸行漸遠的事實，而磨掉一層刻板印象。當你察覺所做努力有了回報，品牌有望脫層上登，而企業有望沾光，便很可能展開良性循環。

這正好符合心理學的「霍桑效應」（Hawthorne Effect）。哈佛

大學三位教授聯手規劃的研究，經由受測者反應，找出有什麼原因可提高工廠作業人員的生產力。研究發現，當受測者查知自己的工作表現被關注，會改掉較缺乏效率的行為模式，做得比以往更好。當經營者做的改變被消費者關注且認同，經營者受到激勵，會尋求改變現況，加倍朝好的方向努力，滴水穿石般地磨掉消費者心中的刻板印象，所以我會說可以用霍桑克服定型。

心象樓層，決戰發生的地方

據我的觀察，台灣有為數眾多的非消費性品牌，陷在第二層樓，上不去，卻隨時有下來跌落回第一層樓的可能。必須直接面對顧客的消費性品牌，有許多也在第二、第三層樓間浮浮沉沉，品牌熟化速度超慢，沒什麼品牌力可言。在前面的章節，我也沒少發過牢騷，這裡再次小提一下，核心問題當然是企業的重心八成以上放在行銷與促銷，留給品牌發展的空間窄小，壓根兒沒給消費者喜歡品牌的條件，人家又怎可能入心呢。

在實體書店當道的年代，金石堂風光一時，並列三大連鎖書店之一，它用書籍、雜誌、文具、講座、咖啡廳的複合式經營，讓店面空間充滿了販售感，可說是重慶南路書店一條街的升級版，總讓人覺得少了點人文氣息。

直到誠品 2.0 版崛起，精緻品與文創品賣場圍繞大型書籍展

售空間，雖說比起書籍專賣店要雜沓，但誠品刻意營造「客人就是愛書人」的人文氣氛，跟金石堂的販售感有顯著區別，書店整體設計以方便愛書人駐足看書、選書為理念，搭配大量文青風的裝潢語彙，整個賣場壟罩在藝文風格中，頓時填補了連鎖書店缺乏氣質的遺憾，擄獲書籍重度消費者的心，誠品二字正式成為閱讀文化的代名詞，社會大眾的集體榮耀感快速形成對品牌的偏愛，使得誠品在第二層樓的心象位沒待多久，就因為調查報告內容漂亮得不得了，G&P 標註穩居王座，迅速上到第三層樓的想像位，過個水又以極快速度抵達第四層樓，鍍了形象金身。

誠品的異軍突起，敲響金石堂的警鐘，同樣處在線上虛擬書店勃興的陰影威脅下，誠品靠著堅強的消費者心象與想像加持，尚堪抗衡，縱使因強推書本寄售制而與出版社關係緊張，積極海外拓點以致增加財務調度壓力，以及多角化經營拉高企業管理風險，但母企業誠品生活旗下的「誠品書店」的品牌，在消費者印象帳戶的表現太好了，形象的根深入人心，母企業面臨的經營挑戰再大，也不可能拖累誠品書店的品牌從形象位掉回到想像位。

我認為，除非企業品牌的誠品生活自敗於經營，誠品書店這個品牌絕對有餘裕反過來拉母企業一把，就算最壞情況發生，誠品書店的品牌價值極高，還是會非常搶手。

相較於誠品，金石堂相形之下被比了下去，線上購書逆轉了實體購書的大環境，是壓力，但不是藉口，同樣面對網路書店攻

勢，誠品書店依靠精心打造的心象條件，引爆消費者的想像，如同金鐘罩護體。但金石堂滿滿的販售感，競爭弱勢畢現，遭到誠品強壓 K.O.，原本的品牌形象，在誠品對照之下，不再有新的正向「品牌呈現」輸送到第一層樓，維繫印象帳戶的資源枯竭，消費者的心象降溫、想像凍結，形象地基淘空，終於撐持不住。在我看來，它的品牌象位已經降回第二層樓的心象位，這個連降兩級的處分，是給企業的致命打擊，損失慘重。

我們在日常生活當中會臧否人物，說出類似「那人已沒有形象可言」的評語，是的，就如同品牌是消費者借給企業的，形象也會被消費者回收。特別是事前未經細膩規劃且事後又未及時補強的所謂品牌形象，雖仍然擁有心象與想像，但只夠勉強把品牌推上形象位，當跟競品差異不大時，還能保持形象無虞，當競品差異化大到可以改變消費者 G&P，如誠品書店的例子，金石堂披在身上的單薄形象，便很難抵抗風暴吹襲。

反觀誠品書店（不是誠品生活），成功地在消費者心中發動了一場心象革命！消費者澈底接受誠品書店設下的書店體驗標準，在心裡同步撰寫了兩份調查報告（這是形容詞，形容在人心發生的態度變化），給誠品書店這份，理所當然充滿推崇甚至崇拜，給金石堂那份卻要了品牌的命。

誠品書店「客人就是愛書人」的經營理念（這個說法是我自創的，並非誠品的官方說法），那種毫無販售感的待客之道，讓

消費者猝然醒悟，原來自己配享此等待遇，可以抱著更投閒置散的心情走進書店，用更嚴格標準檢視書店提供的一切，享受沒有購買壓力的體驗過程。

在書店提點暗示下，消費者讓自己變得更要求氣質、更講究附加價值，當然，也更嚴苛。誠品書店的品牌呈現促成了消費者的自我實現，也促成一個書店迅速抵達第四層樓，另一個書店則由四樓重摔回二樓。

在消費者心中發生的一連串情緒起伏造成的品牌象位變化，跟教育心理學的比馬龍效應（Pygmalion Effect）有關。接受了暗示的人，開始自認可以成為那樣的人，因此激發出潛力，突破限制，最後真的成為一個更好的人。偏愛誠品的人與誠品書店之間，彼此都產生了比馬龍效應，直接捧高產品品牌的誠品書店，好感連帶外溢到企業品牌的誠品生活，間接加速金石堂衰落。

四層樓架構，我最重視第二層心象位。品牌爭取人心的決定性戰役，戰場絕對在心象。品牌操盤人沒道理連這件事都懵然不覺，企業主沒資格對這件事渾然不知。

想像樓層，落井下石或錦上添花？

品牌經過心象洗禮，基本上大局已定，如同臉上的底妝，第三層樓接著精細描繪、勾勒重點、突顯特色，等攬鏡顧盼，妝容

妥當，形象於焉完成。

在想像位發生的事很有趣，都是消費者自發地加上去，不勞企業出力。從字義可知，加上的東西全是消費者想像的，但並非胡思亂想，而是完全根據心象上好的底妝，在心象指導下進行。舉例，五洲製藥投送出來的品牌呈現，在我的認知有一致性，常年不輟地操作，意識沉潛深度也夠，然而，由於它過度接地氣的印象太強烈，積存在我印象帳戶的狀態雖資產大於負債，總合分數卻偏低，為負分。因此上到心象層，G&P 標註落在忽視品，心佔情況不理想。

在心象引發的情感反應，會讓我看待五洲這家企業時，浮現一些疑惑；看待五洲產品時，勾起一些疑慮。這些很可能由偏見引發的想像，從心象一脈相承，不科學卻合乎邏輯，不理性卻符合人性，悉數來自五洲投送給我的初步印象，加上缺乏其它印象如產品實際使用經驗的平衡，我的大腦會藉由那些殘留的負向印象，用想像將偏見擴及到別的領域，以偏蓋全，從原本的局部印象渲染到整體形象。

這可以用心理學上的暈輪效應（Halo Effect）來解釋。一小點的刻板印象，在上到心象位被認定後，到想像位加油添醋，成為偏離事實的形象。企業必定不服氣，但這就是人類的思考模式，或是人性與生俱來的缺陷，與其覺得不公平，認為品牌遭到人類想像的落井下石，倒不如從初始印象就慎重其事，引導人類想像

替品牌錦上添花。我要強調，以上是我個人對五洲品牌象位狀態的看法。品牌已發展成熟的五洲，面對品牌形象現況，不必擔心，因為我不是它鎖定的消費者。區隔市場中有一群細分化的消費者跟我的情感反應恰恰相反，他們就是偏愛直率親切這味，在他們心中的第三層樓，雖一樣運用想像以偏概全，但產生的是利於五洲的偏見——或者該稱之為偏好。

做品牌的第三步：確認真實象位

我用印、心、想、形四層樓來簡化品牌形象的蘊生過程：

企業的所有經營及行銷作為，投射到消費者心中成為印象，印象經由心理機制運作，轉化為心象，心象被想像補強放大，形成品牌形象。

企業在四個樓層的工作，著眼點各有不同。印象階段著重知名度和好感度，心象階段著重理解度和認同感，想像階段因為全由大腦掌控，沒有特別著重之處，記得繼續提供知名、好感與認同，養分別中斷。到了形象階段，著重忠誠度，要從消費者之中培養一群品牌禁衛軍。

本章結尾，我列出原子筆的四個品牌，以不考慮市場區隔為前提，在我的印心想形四層樓架構，為它們找到各自的位置，希望再一次加深你的印象，趕緊找出你品牌的真實象位。

表 4 中，放在一樓的「玉兔」原子筆，經營重心在產銷，知名度低，好感度也因為欠缺自發性的品牌呈現而難以拉抬，雖是我小學就用的老品牌，但除了兒時記憶外，印象空洞，是一樓的長期住戶。二樓的住戶「秘書」，數十年前曾經有過輝煌，卻因市場環境變遷，產品疏於在市佔不錯時趁勢經營忠誠度，當新進入市場、對它沒有認同感的消費者換代，「秘書」於焉衰落回心象位，若再不補充養分，恐很快掉到一樓，甚至摔出這棟大樓。

住三樓的「三菱 Uni」，在很多年輕族群心中，早住進四樓了。可我硬是把它卡在想像位，為什麼？成也「三菱」，敗也「三菱」。三菱鉛筆株式會社 1887 年就成立，跟做飛機、汽車的「三菱」無瓜葛，但我一直無法避免心中的印象在記憶編寫時發生隨意歸併、在記憶儲存時發生異質混同、在記憶提取時發生錯置標籤，重工的「三菱」和製筆的「三菱」，在我的心象不斷引發違和感。

「PILOT」在心佔戰場的資源投入很大，品牌呈現樣貌眾多，印象拼圖完整清晰，G&P 標註長期佔據最佳位置，連我這個較少買原子筆的人，對它的想像都滿愉快美好的，「PILOT」的品牌形象無疑地穩居四樓。切記，在坦誠檢視印心想形之前，先別把品牌形象掛在嘴上，因為你的品牌不見得有形象。

表 4 我的品牌象位

我的象位	原子筆	茶葉零售	照明燈具
形象階段	PILOT	天仁茗茶	PHILIPS
想像階段	三菱 Uni	王德傳茶行	OSRAM
心象階段	秘書	小茶栽堂	億光
印象階段	玉兔	XIE XIE TEA	東亞

即學即用

1. 以相對可信的方式如量化調查或深度訪談，重新標定你品牌在核心顧客心中的真實象位。
2. 找出真實象位後，你會如何調整品牌管理的做法，以協助品牌更上層樓？如果品牌已在第四層樓「形象層」，要如何讓品牌穩居形象層？

品牌觀念流程圖 5

品牌必經的四層樓架構

形象無法一蹴可及，勢必走既定過程：累積印象、琢磨心象、
促動想像、墊立形象。沒有捷徑，要有耐性。

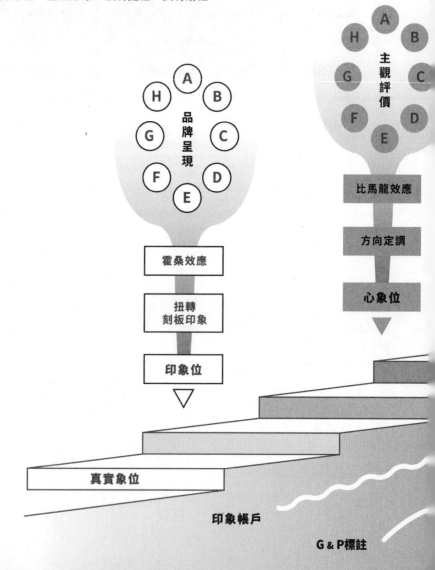

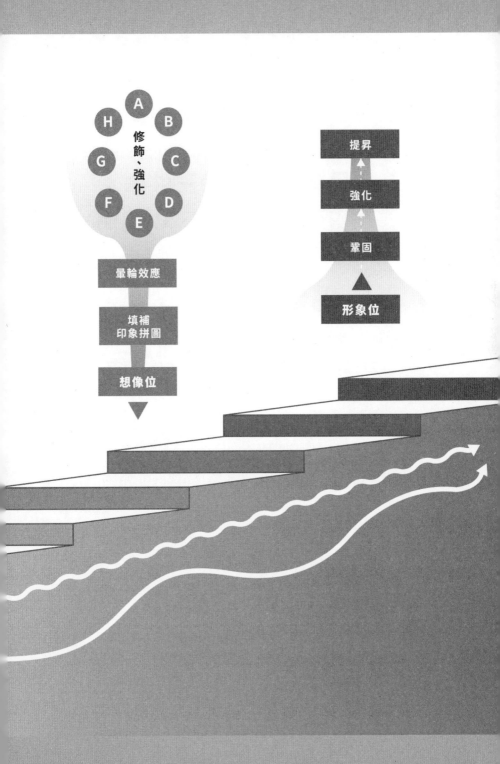

Chapter 6

品牌的第六個重要觀念

品牌管理在管三件事：
Ａ資產、Ｓ策略、Ｃ建構

　　我將企業發生的品牌相關事務，區分為「品牌決策」與「品牌執行」兩大區塊，既然品牌執行層面牽涉的人多事雜，有必要解釋得更加清楚。

　　確認了品牌象位，接著要建立一個任務劃分明確的品牌管理系統，也就是支撐品牌部門運行的骨架。且讓我暫時打住，走筆至此，我知道很多人納悶何以我還沒有給出品牌的定義？別人都會開宗明義地先寫出定義，我是在裝神弄鬼什麼？我的葫蘆裡賣的什麼藥？

　　談到治病救命的藥，我相信中西醫各有所長，但我更傾向於西方醫學追根究柢的發展脈絡，從病因著眼，運用解剖學和病理學，刨根翻土，挖出致病原因及治病機轉，研究物理手術及化學藥物。中醫則是從病癥著手，運用陰陽五行貼合人體經脈，順氣

調理，養病人身體以求自癒，發展自然療法。我重視邏輯思考，注重正本清源，凡事皆本研究精神，實事求是，因此西醫為主、中醫為輔。

研究品牌也反映了我的思考習慣，要求自己探索人的腦內世界，揭開在人心中發生的變化，在品牌成因的印象、以及品牌結果的形象中間理出脈絡，從印象進入腦海開始，到底經歷了哪些轉變終成形象？最終我研究出心象及想像的轉化過程，補足印象到形象之間失落的那一大段。

長達二十多年的潛心鑽研，我用的方法姑且類比為品牌解剖學吧。這本是吃力不討好的事，寫出來，有些人覺得枯燥乏味，不寫出來，自覺悵然若失，大家總不能一談到品牌就打躲避球啊，只談表淺、避談難點。我自創的「印心想形」雖有實證做基礎，卻沒有學理研究支持，因此稱不上理論，嚴謹來看，大概就是個假說。但看著台灣談品牌的人愈來愈多，躲避球也打得愈來愈高段，我決定先提出假說，拋磚引玉，也算好事一件。

既然我篤信邏輯，豈會跳過定義。但我堅持要等四層樓架構論述完，你明白了我對品牌形成過程的邏輯推理之後，才會提出基於四層樓架構論述所衍生的定義。

三十個字內的定義

關於替品牌下定義這件事，可以嚴肅以對，也可以按照從業經驗各自表述，並沒有定於一尊的問題。我當然選擇嚴肅以對，所以近二十年推導出的定義不下十個，改版再翻案，修修剪剪，最大的困擾是太長，想涵蓋的內容多，難以割捨，長到自己都背不起來，這樣不對。

去蕪存菁後，我設限在三十字以內，雖說不完整、但講得還算明白，拍定最新版本的定義如下：

品牌是藉由多重印象的累積，讓人認同一組名字，成為有商業價值的符號。

你看得出來，我有多重視印象。這個定義呼應我「標榜形象，不如專注印象」的一貫主張。用「認同」二字簡化心象與想像的腦內運作，用名字二字點出「牌子不等於品牌」的真相，而且即使品牌實務上是由名字、標誌組成的商標（Logotype），但實際上名字的效用遠大於標誌，定義時獨留名字亦屬合理。定義的最後我用了「符號」二字，是受了符號學的影響，認定品牌無論形象成熟與否，的確是一個符號，可以干涉人類的態度與行為。

關於符號，早在 1955 年就出現在大衛‧奧格威（David Ogilvy）的品牌定義中，他的陳述：「品牌是一個複雜的符號，它是產品屬性、名稱、包裝、價格、歷史、聲譽、廣告的無形總

合。」闡釋的切角不同，他重在強調行銷傳播作為，有掩不住的廣告人思維。在近七十年前能有如此洞見，不愧大師。我則偏重心理機轉，希望企業主認識品牌蘊生的正確過程。

至於較多人引用的美國行銷協會（American Marketing Association）1996年訂的定義：「品牌指的是一個名稱（Name）、術語（Term）、標示（Sign）、符號（Symbol），或是以上的總合，用來識別製造商或銷售商的產品或服務，與競爭者的產品或服務有所區別。」很行銷導向，卻失之偏頗，最大瑕疵是完全排除消費者，仍然是資本主義經濟體偏重實用論的典型表現。

上述我對品牌的二十七個字定義，自己心知肚明還不是定論，我還在鑽研中，繼續挑戰跨領域、多面相的探索，精細調校用字，務求切合時代背景。

下完交流道，重回主幹道，來詳述品牌管理。

做品牌的第四步：建立品牌管理系統

執行品牌決策的部門，務必清楚工作重點，重點不是隨便從書本摘要來或從網路複製貼上的，必須以企業經營目的、行銷實力、競爭態勢、消費者描述、品牌實況、調研報告為前提，再摻入預算規模與企業主主觀這兩項因素，經過一段時間的思索規劃，才有辦法確定工作重點。尤其企業主的主觀因素，是台灣專

業人士無可迴避的宿命，任何專業決定，碰到自滿的企業主，動輒轉彎，我大膽推斷，起碼三分之二有希望在世界冒出頭的台灣品牌，不是倒在國際戰場上，而是死在企業主的辦公桌上。

不只品牌，所有管理，最管不到也最會出狀況的非高高在上的企業主莫屬。在廣告界備受推崇的女性企業家阿格涅斯卡·溫克勒（Agnieszka Winkler）在 1999 年提出了「品牌生態環境」說，她用生態學解釋品牌，說品牌「是一個複雜、充滿活力並且不停變化的有機組織」，有機的意思也可表示人的參與、操縱、干擾，增加了熟化過程的變數。她的生態環境概念，特別適用台灣中小企業專業經理人管不到的敏感地帶——那隻壞事的黑天鵝老是來自最大的那間辦公室。

隨著時代進步，跟品牌扯得上關係的人持續增多，投資人、競爭者、消費者保護團體、自媒體、產業觀察家、社會運動人士、跨國性監督組織……其中有一大半稱不上是品牌的利害關係人，卻是能讓企業立正站好的「厲害」關係人。為因應這些厲害角色的監督挑戰，品牌管理部門經常分身乏術，還無可避免地、不分青紅皂白地、口是心非地俯首謹遵那隻黑天鵝的非理性指令，疲於奔命。

我在指導企業健全品牌管理的第一天，為什麼會先問很多關於決策品質、溝通成本、授權分工的細節？因為要把品牌部門訓練成七十二變的孫悟空前，先得知道猴子背後的那尊如來佛是否

習慣緊緊捏住猴子。撇開黑天鵝跟如來佛不表，我理想中的品牌管理系統由三大項目組成，能夠同時順暢操作這三個範疇，才配稱為系統。它們分別是「資產管理」（Assets Management）、「策略管理」（Strategy Management）和「建構管理」（Construction Management），為方便記憶，簡稱 ASC。從這裡開始，我會花幾個篇章一一說明 ASC 這三個範疇。

先回來再說說人的問題。品牌部門的負責人照理說頭銜掛品牌經理，Manager 這個字眼的涵義，中外有別。外企有所謂產品經理（Product Manager，PM），這個位子得要負起產品行銷全責的，他就是一個獨立戰鬥旅的指揮官，權力在手，責任獨受，銷售不佳，擔責走人。台灣的產品經理沒有那麼完整的權力，別說指揮獨立戰鬥旅了，有時只像個班長，上面爺爺姥姥一堆，處處掣肘。我遇過幾個在國外擔任 PM 的人，回台任職台企 PM，都覺得自己好像被多啦 A 夢的縮小燈照到，連個 AM（Assistant Manager）都不如。

台企的 BM（Brand Manager）命運同樣坎坷，明明是時勢造英雄卻自認天縱英明的企業主喜歡外行領導內行，看了幾齣不斷重播的清宮劇，產生情感投射，顧盼自雄起來，有的自比康熙，認為底下臣子昏聵無能，無人分憂解勞；有的自比雍正，常歎天下百廢待舉，知朕者唯有朕躬。回過頭來，BM 在抱怨主子不尊重專業時，也該反躬自省，自己夠專業到值得被尊重嗎？明人不

說暗話，我交手過的 PM、BM 中，值得人尊重的為數不多，倒是架子擺得高、氣勢做得足的，多如過江之鯽，班長的資質，總司令的氣焰。這樣的 BM 搭配那樣的主子，灰犀牛配對黑天鵝，天作之合，剛好抱團取暖。

為什麼說品牌管理系統比品牌經理重要？因為有真功夫的專業人才稀有，企業主與其虛位以待，不如以制度取代人，引進經國內外企業驗證的操作流程與模組，一步步建立適合自己企業文化的 ASC 作業規範、準則、步驟。換言之，管理系統表面上是管品牌的，實際上是用來管人的，包含不夠專業的執行者以及自以為專業的決策者。

橘逾淮為枳，盛行國外的制度移植到本地，因商業環境差異，經常水土不服。企業組織的經理制即為一例，制度的成功繫乎賦權與究責並行，如此刻意平衡的制度設計，激勵了想當品牌經理的人充實專業，讓想干涉品牌專業的企業主有所顧忌。

深究品牌觀念在歐美市場發展的軌跡，西元 1870 年代以前便有跡可循，二十世紀初期生產消費性產品的廠商就初具品牌意識。1930 年代堪稱品牌躍進期的開端，媒體傳播技術的發展帶動了品牌推廣，同時期，品牌經理的職位出現，往後的三十年間，做為品牌經理制配套的品牌管理作業模式現身，品牌開始實質上助力行銷。

1960 年代起，品牌經理成為歐美企業組織中的常設職位。30

年代到 60 年代這段期間，品牌從一個有效性不確定的概念，透過商業銷售驗證以及學者的實證研究，落定為確定有效的實用觀念，並延展出許多運用技術，如 VI 前身的標誌設計、置入品牌名的產品形象廣告、突顯品牌名的巡迴展售活動、品牌創生史、品牌故事等等。

當運用技術愈多，統合操作這些技術的需求便應運而生，也就是說，系統化的品牌管理是因應需求而生的產物，品牌經理人是因應需求而生的職務，兩者都是供需關係的必然。

一筆意外之財

說得深入些，當企業主發現他們運用技術來彰顯品牌名，除了能夠直接利於商業銷售，還收獲了不少無法歸類於銷售的意外之財，如部份顧客記得品牌名超過產品名，如講述品牌創生史對局部顧客起了產品所無法帶來的感情影響，如常客把對品牌名的熟悉感移轉到毫無名氣的嶄新產品身上。

一件一件無心插柳的意外之財，愈積愈多到柳成蔭，企業主對原來用於標明製造者（Manufacturer）是誰的品牌名有了信心，樂於在推銷產品之餘順便推廣品牌，累積的意外之財不再是美麗的偶然，它能讓品牌強大到成為商業銷售的主力工具。在那個年代的歐美企業主就已經明顯感受品牌掩不住的無形力量，是自己

可以設法掌握的一種資產形式，直到80年代，「品牌資產」(Brand Assets)的理論與實務堂堂問市。

當資產多了，煩惱也多了，如何多次成功複製資產生成？如何用低成本操作生成資產的技術？如何保證無形的資產不會消失於無形？如何計算資產帶給商業銷售的幫助？如何比較自家資產跟對手資產的高低？這些議題已嚴重超出企業主的理解範圍，面對那看不見卻感覺得到的甜蜜負擔，尋求專人管理的需求強勁。就如同各種有形資產，如現金、黃金、古董、藝術品、房產，當多到成為一種煩惱，私人會計師就有飯吃了。

品牌經理，可比喻成品牌無形資產的會計師。問題來了，我發現為數眾多的經理人以為自己管的是掛著品牌名稱的「產品」，負責這個掛著品牌名稱產品的產銷工作。無獨有偶，連企業主與人資部門也常常將二者搞混。

組織中如果同時存在產品經理與品牌經理的職位，前者主責產品概念、產製監督、銷售推廣、平行溝通等任務；後者的職階高於前者，通常負責數個產品的「品牌權益」(Brand Equity)維護，有點像監護人的角色，與產品經理存在微妙的互動關係，半協調半督導。有些屬行組織扁平化的企業，直接以品牌經理職位包容產品經理的職務描述，工作雖加量，但一條鞭的整合反而消弭了雙線分工的高溝通成本。

至於談到「品牌權益」和「品牌資產」有何差別？是概念的

差別？或實質的差別？兩者為隸屬關係或對等關係？說真的，這是個治絲益棼的典型案例，歷年來許多學者專家紛紛提出說法，有從管理學解釋的，有套用財會實務的解釋，有認為其實權益（Equity）跟資產（Assets）異字同義的……不一而足。到底應該使用資產還是權益來化約經營品牌所衍生的意外之財呢？

一個是過程，一個是結果

資產與權益的關係？我直接破題。

資產是替品牌維護權益的結果，權益是取得品牌資產的過程。

我知道會計上的權益（Equity）意指資產減去負債的淨資產價值，但這字眼怎麼翻譯都有解讀障礙，得繞好大一個彎道，還未必能幫助大腦有效理解，我們何必燒腦糾結在這個一出現就被複雜化的名詞上呢？你是操盤人或企業主，又不是學者，什麼樣的解釋能幫你順暢工作並加強競爭力，就接受那樣的解釋吧。在形成品牌的系統化知識時，該拆解細分的，我絕不大而化之；該便利簡化的，也絕不故弄玄虛。

既然在這兩個字眼沉浸甚深，而終覺那是無意義的糾纏，還是用大家早習慣的資產（Assets）來總括企業透過管理品牌所獲得的無形回報。來整理一下。在商業領域，我還是奉行實用原則，做易懂好用的說明：

品牌部門管理三大項目：品牌資產、品牌策略、品牌建構。規劃策略和執行建構的過程，也就是透過維護品牌權益，來確保產出質精量足的品牌資產。

品牌經理人要遵循品牌管理系統規範，經常盤點資產，依據經營策略或品牌決策，來決定現階段需要重點獲取的「資產」內容是什麼？然後擬定「策略」方案，並經由執行策略方案，「建構」出有助於企業發展的資產內容。像這樣在管理上落實 ASC，鋪排出三大項目的上下連動，這樣說明應該夠清楚了。

內外有別，分進合擊

關於品牌資產項目，我不會援引國外專家的說明充數，一來中外國情、民情、商情有別，二來我用實戰經驗不停探索，很早就領悟蕭規曹隨的缺點，尤其國外的蕭規，有他們的思考盲點，如往往太理想化、很難即用，再者歐美市場有相對健全的產學合作背景，如實力驚人的大企業撥交給研究單位的經費一出手嚇壞人，台灣難望其項背。再說，資產二字在管理學的意義是集合名詞，表示還有庖丁解牛的空間，可以解析出更具體的細項，但其意涵若沒有對焦，恐怕大多數人會如霧裡看花，說不出個所以然來。就讓我這個庖丁替你解資產的牛，你操作時才游刃有餘。

學者專家在幫企業盤點資產時，常使用大衛・艾克（David

Aaker）1991 年提出的品牌「權益」五要素模型，包含「知名度」（Brand Awareness）、「質感認知」（Perceived Brand Quality）、「忠誠度」（Brand Loyalty）、「品牌聯想」（Brand Association）以及其它專屬資產，例如產品技術專利權。

艾克提出的模型五分之三以上的資產來自消費者面向，高度倚重消費者的評價，反映了那個年代專注消費端研究的趨勢，當代企業如果生吞活剝他的方法，無視於所處時代的現況，有囫圇吞棗之嫌。他提出的五要素，你仍然可以用，甚至當做評估資產的必要元素都行，但五個絕對不夠，不足以涵蓋現代市場的所有資產來源。換句話說，這個很多人到現在仍奉行不輟的五要素模型，從理則學看，算必要條件，但並非充份條件。品牌資產當然還是要重視消費者評價，除此之外，利害關係人與我在前面提及的「厲害」關係人的評價，無可忽略地必須納入。

讓我們把注意力從市場移回來，關注發生在企業內部的事，這些事是影響資產生成的源頭，豈可忽視？當我們特別專注凝視消費端等外顯因素，會產生所謂「隧道視野」（Tunnel Vision）」的現象，對專注凝視點以外的地方視而不見，因此會有公司治理盲點或管理死角，俗稱「燈下黑」。

意即古代點油燈照明，燈光光線被燈座遮蔽，在底座暗一圈，這情形很像隧道視野，值得企業主警惕。

內求「產服通組網」

我用來為企業評估品牌資產的因素分為兩個領域，內在資產（Inner Assets）與外在資產（Outer Assets）。

內在資產意指企業內在、因經營得當所確認存在的無形利益，我常用的有五項。各業種因產業特性會各有偏重，例如工具機製造業的技術專利、營造業的特殊工法、眼鏡店的驗光技師水準等，但我挑出的五項適用於所有消費性品牌，以及大部份 B2B 品牌。

1. 產品創新

考慮到大多數傳統產業產品已進入成熟期或衰退期，高度同質化，全新概念的產品佔比不多，既有產品出現破壞式創新的機會低，因此這裡的創新，對傳統產業的定義跟對新興產業如網路、金融科技、人工智慧的定義不一樣，前者來自優化或改良，後者來自發現或發明。

再怎麼成熟的產品都有提出新創點子的空間，即使為創新而創新難免有噱頭之嫌，起碼誠意到了。比起根本不研發創新、一味安享低製造成本好處的企業，始終在創新之路上推陳出新的企業，在第一項品牌資產有所斬獲，合情合理。

2. 服務內化

在百業都已進化成服務業的現代，企業要有在專業屬性後面加上「服務」二字的認知，如婚紗攝影，應該說婚紗攝影服務；皮鞋修理，應該說皮鞋修理服務。服務是用來平衡顧客消費心理的關鍵工具，特別是有別於基本服務的加值服務，才是放上顧客心裡天秤的那最後一塊砝碼。

當你批評大陸火鍋海底撈的服務過度到讓人覺得不自然，可能同時有相當多消費者覺得那樣的服務才叫有感。服務不怕超限，就怕無感，為了讓服務精神領導行銷，有必要將服務精神內化到企業文化或近年流行的所謂基因之中，讓服務從產品的延伸，升級為營運的本質。

3. 通路趨近

跟製造業供應鏈的短鏈革命原因不同，但狀態一樣，疊床架屋的多重通路同樣遭到網路破壞，並持續壓縮中，例如產地直送、一站式產銷的小農；用社群經營顧客、不站櫃卻完成銷售的櫃姐；2020 年起 Covid-19 疫情期間爆發式成長的電商，在在顯示我們有必要重新理解通路，它不再是一條基於垂直分工合作的銷售之路，而是一條講究水平整合作業的行銷之路。

以前很多事丟給垂直分工的夥伴做，付出一些代價換來無事

一身輕，現在，很多事要自己做或仔細盯著別人做，然後在短到不行的通路，靠消費者愈近，你能夠聽到他們的喃喃自語，看到他們的喜怒哀樂，也愈能穩穩抓住他們的忠誠。

4. 組織效率

以往企業用人，重視穩定度，追求低流動率，刻意聲明「人，是公司最重要的資產」，沒說出口的是「表現及格但忠心耿耿的人，才是公司最重要的資產」。那年頭老闆心存感謝的，大都是無畏風浪、堅定站在他身後的員工，而不是表現亮眼卻得隴望蜀、隨時準備另棲它枝的良禽。高倍速時代，企業主別再執著於雙位數的員工平均年資，而輕棄可能當救世主的漂浪人才。

說漂浪，是因為這等擁有出眾才能的早熟型人才，普遍懷抱創業夢，如同 Google、Apple、Amazon 的車庫創業家們，期待一生一次成就自己的機會。他們的心固然飄蕩浮躁，但具備臨機應變、一鳴驚人的潛力，你的企業用到他們的潛力一次，他們就會成為你今生的貴人。我的意思是，過去不可能被視為資產來源的組織效率，如能調整用人方針，大膽延攬漂浪人才，不期望他待多久，只寄望在用得到他時，當一次你的貴人，必能強化企業因應倍速時代的韌性，抓住一瞬即逝的機會，讓組織效率高漲，變身為間接盈利工具，成為增生意外之財的品牌資產。

5. 網路適應

例如蔚為顯學的數位轉型。我對這個領域所知有限，沒膽子多加置喙，但我確知數位將以網路為始，澈澈底底顛覆我們熟知的一切，就像純電車，除了外觀仍保有傳統內燃機汽車的樣子，臟器全部更新。市場行銷的一切，除了基礎觀念永存，操作手法會逐漸完全更新。我沒用數位轉型的說法，因為它的科技味道太濃，不如網路適應這四個字貼近企業經營層面。

外爭「經忠評關溝」

再講外在資產，由於跟一般常用到的評價標準，方向同異參半，我也簡單帶過。先提示一個評比原則，內在資產完全靠自己，外在資產要和對手比。

1. 消費經驗

這個詞彙在之後的篇章會陸續出現，可見我對這件事的重視。在參與企業品牌大小事的過程，我深切察覺創業者離成功愈近，往往離消費者愈遠。其中自我感覺良好的人算少數，多數因忙於更有成就感的 IPO（Initial Public Offering 首次公開募股）、購併、財務槓桿，疏於貼近顧客，導致想法跟在市場征戰的人脫節。

我曾在受邀擔任顧問的企業會議上，親眼見到站在第一線的將軍們紛紛跳出來輪番說服老董，惱羞成怒的老人家一揮手：「公司我的，你們怎麼會比我了解啦！」創業者請留意，你對消費者的認識跟騎車、游泳不一樣，你一定會忘記的，忘記沒關係，聽聽火線上的人怎麼講。

2. 顧客忠誠

談到忠誠，業務、行銷、傳播工作者直覺會想到複購（Repeat Perchase）、交叉銷售（Cross-Sell）、顧客終身價值（Lifetime Value）之類的話，那就把這個指標看 Low 了。你想想，這幾個都是試圖獲取忠誠的技巧，光在意獲客技巧，會造成顧客偏愛產品的物理性表現（Physical Performance），你的被替代風險很高，唯有讓顧客信任，在考慮物理性表現外，同時加計情感呈現（Emotional Appearance），可明顯降低被替代風險。

然而，信任是知易行難的事，每當企業計較稅後純益而把腦筋動到漲價或縮量降質的時候，都在考驗信任感，同時損及忠誠度。

3. 輿論評審

輿論表達方式愈趨主觀，輿論傳遞管道愈趨多樣，輿論連鎖效應愈趨龐大，輿論平衡機制愈趨失效。在輿論影響力只會更大的未來，企業實在沒有理由再以為自己能夠掌握輿論走向。如今

輿論從單純的報導與評論角色，突變成審查與判決角色，包含審查你的品牌資產是否名實相符？以及判決你的品牌資產是否該返還大眾？為提高警覺，你把當今以網路為主的輿論看作警察與法官也不為過，在警察與法官面前，想護住你的資產，談何容易。

4. 社會關係

關起門來做生意的時代，已成歷史；「我只是個生意人」的滑溜說法，乏人買單；「我們將本求利、心安理得」的想法，非常天真。社會、群眾、世界、人類、地球這幾個名詞，從未跟你的企業如此靠近，強迫你提撥利潤搞好跟他們的關係。這些關係不簡單，既分心又花錢，但這種關係，無論叫做公共關係還是社會關係，乃至於國際關係，做了，攤在陽光下的資產就裝進保險箱裡。

5. 涉外溝通

舉個例子你就懂。花大錢維運企業官網，卻不捨得花錢養小編，那不過是殭屍官網，欠缺跟外界溝通的能力。溝通的意思不是教你做昂貴的形象廣告，或買媒體的置入報導，溝通是要找耳目，藉由像小編這類似乎不起眼，但其實很專業的職人，擔當企業與外界聯繫的耳目，讓很多原本只懂消費者卻不懂社會大眾的企業，變得耳聰目明，甚至有千里眼、順風耳的能耐，提前應付各種想像不到的變局。

資產知多少？速算評估就知道

評估你品牌的資產，可以依據調查數據與市場情資。第一個是高低評等法，第二個是評分法，根據我的實務經驗，外在資產適用調查數據，內在資產則適用市場情資。

品牌資產既然屬於企業總體競爭力的一個環節，用來知己，以利調整資源投入，力求進步；用來知彼，曉得哪裡是強項、哪裡是軟肋，以拚市場，不能懷有「朕知道了」，然後就沒了的自欺欺人心態。首先，要找出主要競爭者做敵我評比，再來憑藉數據、蒐集情資。除非事出緊急，宜避免單憑猜測。不過，建議你大可不必用複雜的計算公式，硬把行銷課題弄成數學難題。

最後我來介紹自行研發的速算評估方法，分別評量「五內五外」的十個資產項目，再予以加總核算出數值。以兩個知名夜市為假想標的，模擬一次速算評估。還是要說明，既然是模擬，採用的是心證，只比猜測距離真相近一點，純屬示範，不必較真。

如表 5 所示，我用評分制，單項評分零分到正負一百分，以拉大表現差距，十項加總一千分，以實際得分除以一千，得到的數值愈大，代表該品牌目前擁有的資產愈高。

按照我實操速算評估的經驗，企業五內五外資產的數值若能超過 0.3，就有及格水準，企業主可以鬆一口氣，若數值到達 0.5，可視為擁有扎實資產的優質企業，若到達 0.7，就算是資產

表 5 品牌資產速算表

品牌內在資產	士林夜市	逢甲夜市
產品創新	+30	+70
服務內化	+40	+50
通路趨近	+70	+35
組織效率	+35	+40
網路適應	-30	-20
合計	+145	+175

品牌外在資產	士林夜市	逢甲夜市
消費經驗	+40	+70
顧客忠誠	+50	+70
輿論評審	-20	+50
社會關係	+30	+40
涉外溝通	-10	-10
合計	+90	+220

士林夜市
總計＋ 235
235/1000=0.235

逢甲夜市
總計＋ 395
395/1000=0.395

雄厚的少數頂尖企業了。附帶一提，總體合算的數值固然有參考價值，但我更重視單項表現，是捧高資產的墊腳石？或是挫低資產的絆腳石？一目了然。

即學即用

1. 你的企業組織內負責管理品牌的部門，是否擁有同時管控三大範疇的能力？如果沒有，需補強哪些範疇？如何補強？
2. 盤點你品牌的「五內五外」資產，哪些是強項？哪些是弱項？弱項的成因為何？應如何改善？

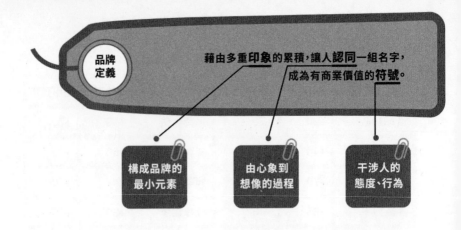

品牌
定義

藉由多重印象的累積，讓人認同一組名字，
成為有商業價值的符號。

構成品牌的
最小元素

由心象到
想像的過程

干涉人的
態度、行為

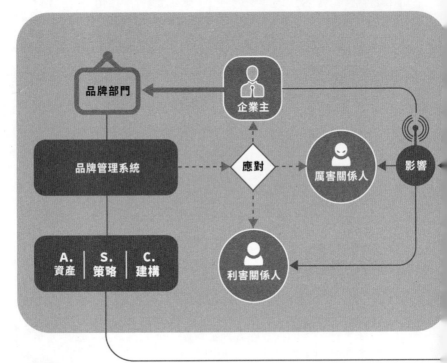

品牌部門

企業主

品牌管理系統

應對

屬害關係人

影響

A.
資產

S.
策略

C.
建構

利害關係人

品牌觀念流程圖 6

品牌管理的 A.S.C.

有三件大事要以系統化控管：資產、策略、建構。其中品牌資產一點都不抽象，
內在資產與外在資產各有五種來源。

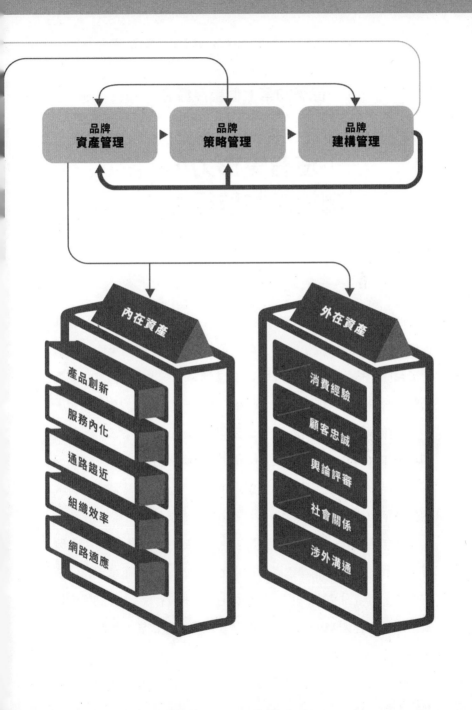

Chapter 7

品牌的第七個重要觀念

沒有質形力，
哪裡來的執行力？

　　西元 1989 年，一個擁有台灣血統、在美國出生的奇葩品牌瑪吉斯（MAXXIS）誕生。說它奇葩是有道理的，那個年代，台灣生產輪胎的橡膠碳煙產業屬於 B2B 業種，既沒想過、也沒必要直接對應消費者，只有高價進口輪胎才會被少數汽車玩家指名購買。

　　做機車與自行車輪胎代工的正新輪胎，卻在創業二十多年後到輪胎 B2C（Bussiness to Consumer）市場相對成熟的美國打天下，要是沒有很強的意志以及很深的口袋，這在當時是非常冒險的投資創業決策。

　　事後看來，主導者的意志夠強，給新品牌的後勤支援也夠足。但我從瑪吉斯品牌主導者說過的一段話，確信在意志和口袋的背後，有著對品牌的正確認識做後盾。主導者說：「做品牌就是為了掌握自己未來……代工業的悲哀就像遊牧民族，也像打撲克

牌沒有王牌在手，只能任由代理商殺價。」這段話跟我的第一本品牌書《品牌，原來如此》中的論點相當一致。秉持正確的觀念，決定了整個企業的命運，讓瑪吉斯在異域奮鬥有成後，回攻台灣與亞洲市場，將正新瑪吉斯一舉推上全球前十大輪胎品牌。這個表面上母（企業）以子（品牌）為貴的例子，其實隱含了做品牌的大學問。

怎樣叫做把品牌做好？

我在協助企業重整品牌時，常用一個自創的雙關語名詞來解釋做品牌的「做」這個字，也就是「質形力」！企業想把品牌的相關任務執行好，先要面對是否兼顧「質力」與「形力」的問題。前一章提及企業的十項內外在資產實力，要想有效挹注資產，透過的手段就是質的力量和形的力量。

簡單說，「質力」意指企業需重視本質（五項內在資產），以便提供顧客良好的消費體驗；而「形力」意指形諸於外的表象，要能夠影響消費者的觀感。質力和形力都屬於企業主動投送出去的片段印象，亦即品牌呈現。質力主要藉由產品、服務當平台投送品牌呈現，形力主要藉由多種傳播管道投送品牌呈現，兩者都是破碎印象拼圖的一部份，也都會存入印象帳戶，最終組成第四章說的 G&P 等級與偏好標註，高度影響心象的形成。

這本書一路寫到品牌管理，我會按照安排好的邏輯規劃，找機會從管理實務的角度再解析前面幾章寫到的重點。這章講到的質形力，正可用來承接前面所講「破碎的印象」、「企業發送的訊息與訊號」、「品牌呈現」，乃至於「G&P」、「內外在資產」幾個概念。內蘊為主的質，加上外顯為主的形，結合這兩個施力方向，落實品牌管理的執行。所以如本章標題所示，你要執行什麼？就是要執行質力和形力。

質力和消費者對產品、服務留下的印象息息相關，企業在本質上需要讓顧客滿意，良好的消費體驗會經由三個關卡產生出來，首先是「成交前接觸」（Contact），如試用、導購、客戶開發等，再來是「產品使用體驗」（Experience），如物有所值、解決洞察、心理滿足、情感加值等，最後到「好感契合」（Engagement），如肯定、信任、認同、感激等。

消費者心中走完接觸、體驗、契合這三個關卡，會產生具有認知一致性跟意識沉潛深度的好印象，至此，企業辛苦建立的質力的傳遞才算大功告成。像瑪吉斯挑戰美歐市場，背後如果沒有夠硬的產品研發製造能力撐腰，如果缺乏夠強的服務系統後援，必然徒勞無功。

澆灌質力，不但是企業做品牌的本質，也是天職，必須不斷向所有利害關係人與厲害關係人證明本品牌的質值得大家肯定。例如正新瑪吉斯耗資一億五千萬美金在中國大陸崑山興建專業試

車場，比照國際級輪胎與汽車品牌的大手筆規格，就是證明給大家看，它的質值得你的愛。

質力並非那麼輕易可以獲得。在你品牌所屬的市場區隔，攀附在同一個記憶階梯上的競爭品牌，彼此比較質力，互爭高低，你原本以為自家質力可闖過接觸與體驗這兩關，當進入收尾的契合，一旦消費者覺得競品的好感跟自己更契合，你的質力旅途在最後關卡被卡關，就好像被移情別戀的對象甩掉一般，怎麼不傷？為了不在最後關卡跌倒，品牌操盤人要如溺水者死抱住浮木不放一樣，看緊產品品質和服務品質。

質力是一塊一塊攢下的本錢

在五項內在資產上所做的努力，會如實反映到質力，所以請你務必先盤點清楚資產現況，補強弱點，再談質力。

質力和形力表面上似乎平分秋色，同等重要，其實管理實務上應該「質力為體、形力為用」。若質力落後競品，形力滿點，終將如雨後彩虹，陽光蒸散水氣後，瞬間消失。反之，形力零分，但質力堅強，品牌雖會發育遲緩，在心象和想像階段徘徊停滯許久，或已到第四層樓的形象層卻定不下來，但也不至於在四層樓架構中倒退嚕，因為「樹頭顧乎在，不驚樹尾做風颱」嘛。

相對於質力，形諸於外的形力，只要你準備足量銀彈，可用

工具多得很。自二十世紀中葉飛速發展的傳播產業，不斷推陳出新，先是穿透人心的傳播技術隨理論研究而翻新，再來是可供承載訊息的傳播媒介大量增加，接著是傳播內容產製手法大躍進，現在則是網路在理論、技術、媒介、內容、平台全方位進化，從供給面激發企業的傳播需求，就像是一座打開的軍火庫，各式火炮飛彈任君挑選，有錢就有武器，就不擔心形力。

　　網路軍火庫的出現，巨幅拉抬形力在傳播時的效率。只要你付得起，原來困難的深層溝通（In-Depth Communication）變得容易；只要你付得起，能夠同時防禦自家品牌以及攻擊競爭品牌。我認為，網路對品牌管理的最大影響，是它製造出形力的貧富差距，眾多付不起的中小企業在形力對戰中吃大虧，抵銷掉在質力的努力成果。

　　當然，我的意思絕對不是說付得起的企業單憑「網路」這條航空母艦彈射形力的艦載機，即可稱霸印象戰場無敵手，畢竟我上面說過，質力的重要性高於形力。但我們要承認，有一定質力基礎的企業，若同時動用巨額資源操作形力，的確有辦法指揮航空母艦上的艦載機（形力），剋死靠幾條巡洋艦打形力戰的企業，加速其品牌印象堆疊速度，穩佔記憶階梯的有利位置。

　　至於那些養不起艦隊、只有幾艘砲艇的品牌，我的建議是，付不起別勉強，在相對付得起的質力領域精耕細做先。

本錢夠，自然出得了手

回到瑪吉斯，它在美國市場征戰的時代，網路還在起步階段，所以它一樣沒有航空母艦可用，然而它非常敢砸錢在運動行銷領域，贊助與輪胎有關的賽事固然理所當然，其它運動賽事如職棒、職籃，處處可見它的英文名看板，張掛在最顯眼的地方，而且是電視轉播拍攝得到的黃金位置，那可是要花一筆很大很大的金額。敢將 70% 行銷預算砸進運動賽事的它，敢冒著砸錢卻砸進水裡風險的它，仗恃母企業的質力，讓形力長期聚焦於特定傳播場域，在利基市場的消費者心中，昂首闊步地從一樓一路挺進四樓，為台灣企業做了澈底執行質形力的示範。

你可以說瑪吉斯的成功只是偶然，並非能夠套用在其它企業的必然，我同意，但我一定要說，瑪吉斯的成功是沒有運氣成份在內的偶然，並且印證了做品牌必然要質形力齊頭並進。

瑪吉斯在運動賽事，如職棒賽場大量曝光，求取知名度，目標對象鎖定合理，愛運動的人會比較在乎車子零配件的品質嘛，讓形力跟質力之間產生明確的關聯性。至於純 B2B 企業的質力跟一般民眾沒啥關係，大眾的關注度也低，做品牌時，形力的傳播就不必跟質力有關聯性，若硬要把質形力扯在一起，要嘛是內容讓民眾感到陌生無感，要嘛是媒介無法觸及到一般民眾，企業倘若在自己熟悉的業內範圍操作形力，錢就打水漂了。

謹記一個原則，產品跟消費者愈接近，質力與形力愈貼近。

第三家國籍航空業的星宇航空，甫降生便接受嚴苛考驗，2020 年一月首航，旋即遭逢疫情，原本旅遊界高度期待，譽為航空業潮牌，飛機還沒飛多少架次，就凍結在地面。要知道，以精品定位自勵的星宇，質力的投資不消多說，最新的客機、精緻的空服細節、跟知名特色餐廳合作的經濟艙餐點，處處亮點。

尤其令人稱道的，疫情肆虐期間，它的員工福利沒有縮減，用「產服通組網」五項指標來評估它的內在資產，產品、服務、通路尚未累積足夠經驗值，難於評鑑，但在組織效率和網路適應兩項，根據我不間斷蒐集到的情資，以新創事業而言，表現十分突出。

我舉星宇為例，是要說明像它這類極度接近消費者的品牌，執行質形力的守則是，質形一體兩面，盡量把質力的精神移植到形力，讓顧客實際的消費體驗和接收的訊息、訊號（透過傳播、網路等工具投送的感官印象）有關聯性，避免認知落差。

操作關鍵在「形千萬不可勝於質」，否則會使得消費者覺得心思都花在表淺上，讓消費者認為企業誇張不實還算小事，如果實際的消費體驗（質力）遠低於形諸於外的感官印象（形力），最嚴重的狀態是消費者快速產生不認同的偏見，過早運用想像擴增負面情緒，造成逆向阻擋品牌在心象樓層的養成。

品牌，勤於質，荒於形

別小看形勝於質的問題，太多品牌敗在這個地方，因為拚質力曠日費時，在形力做文章，輕鬆寫意，何樂不為呢？我曾經參與某連鎖服務業的品牌優化作業，歷經兩個月深入研究，撰寫一份超過一百五十頁的初探報告，理出該企業必須立即調整的六項內外在資產困境。

企業負責人問我大概要多久時間能脫離困境，我說短則一年半，長則無期限，但這幾個困境非解決不可，在解決之前，所有在形力領域的投資，事倍功半。就在負責人陷入抉擇困難時，替該企業做廣告的公司跳出來拍胸脯表示，只需要撥出數百萬預算，拍攝一兩支品牌形象廣告，在電視上播放，就能發揮洗腦效果，解決品牌老化問題。其後發生的事情為免當事人對號入座，我就按下不表了。

相信廣告等傳播工具，很好，形力的功效無可否認，但若迷信傳播工具的效果，以為能替品牌化妝遮瑕，轉移大眾對質力不佳的注意，也太高估形力獨立作戰的能耐了。要知道，像三打理論[1]（Three Hit Theory）、皮下注射理論[2]（Hypodermic Needle

---

1 三打理論：廣告播放三次就可達成效果，一次引起注意，二次製造熟悉，三次再度提示，超過三次可能造成浪費。

2 皮下注射理論：大眾媒體具有影響視聽眾態度和行為的強大力量，如同將藥注射進身體。也可稱為魔彈理論。

Theory）等等傳播理論，已年過半百，只剩下局部參考價值，豈可抱殘守缺、食古不化？別的不提，單說廣為廣告傳播界引用、早在 1920 年提出的 AIDMA 模式[3]（Attention、Interest、Desire、Memory、Action），早在 2004 年被修正為 AISAS 模式[4]（Attention、Interest、Search、Action、Share），但業界仍然只知 AIDMA 而不知 AISAS 的，大有人在。為了台灣品牌好，企業主和所有希望幫忙的人應該與時俱進，多深究、求進步。

形力常以光彩耀眼的樣式展現，非常誘人，質力卻像待在船底輪機室的技工，忍受高溫噪音，替大船顧好動力。在乎質力的星宇也高度重視形力，制服由名家設計、客艙禮聘國外權威團隊營造風格，連星宇小舖販售的小物都精心挑選，藉著多樣的傳播管道將精準控制的片段印象投送出去，符合創辦人張國煒所說：「飛機不只是交通工具，更是旅遊的一部份，從進入機艙的那一刻起，就應該有驚喜、有期待。」

誠哉斯言，星宇的考驗其實還沒開始，在度過疫情試煉後，才要接受顧客消費體驗和感官印象是否一致的考驗。它在質力的投注，順利通過考驗應無殘念，飛航事業甭說造價昂貴的飛機，

3　AIDMA 模式：消費者在接受到廣告刺激時，於採取購買行動前會蘊生的心理機轉階段。

4　AISAS 模式：修正 AIDMA 模式，讓採取購買行動前的心理機轉階段符合當代傳播實況。

一架飛行模擬器的價格可能就超出大半年的宣傳經費，更別說零附件庫存成本與維修費用了，也因此當 2022 年媒體披露星宇兩年多虧損八十一億元，網上有人酸嗆創辦人是「敗家子」，引出張國煒霸氣回應：「人家說我敗家子，是的，我就是敗家。在這裡，這個讓大家安全的港口。」他說的「這裡」是斥巨資建立的飛機維修中心，那可是外人無法想像的質力投資。張國煒說酸他的人不懂，的確，星宇雖跟消費者極為接近，質形力的呈現理應高度貼合，但預算配比可比普通消費性品牌要更朝質力傾斜。

通常，我給消費型企業質形力預算配比的建議，質七形三，再怎麼側重形力的品牌呈現計畫，頂多質六形四。可是像星宇如此著重消費體驗的航空業，在開航初期的形力佔比應該只佔零點幾，之後也佔不到一成吧。

關於質勝於形的觀點，我相信張國煒懂，他回嗆酸民：「……說你就是不懂，沒關係，你不懂我懂就可以。」我滿欣賞的，這意味著標榜精品航空的星宇，正確拿捏住執行品牌管理的原則。你的企業離消費者再怎麼近，質力和形力在呈現概念上可以很貼近，但要抵抗形的誘惑，多放資源在質力。記得，質要勝於形，讓人帶著對品牌的三分期待來體驗消費，然後感受超出期待的七分驚喜，遠勝於讓人帶著對品牌的七分期待來體驗消費，然後得到低於期待的三分驚喜。

我在詮釋形力時，提到廣告傳播的角色，其實形力不僅傳

播，能夠承載形力的工具很多，然而在泛傳播領域最普遍被提起，也是最多企業喜歡採用，同時看來最有說服力的，實屬廣告傳播。正由於廣告傳播在形力上，扮演的剛好是那個光彩耀眼的角色，因此國際廣告集團爭相發展出廣告跟品牌的作業 Know-How，例如上奇的「品牌輪」（Saatchi Brand Wheel）、電通的「品牌溝通」（Dentsu Brand Communication）、奧美的「品牌管家」（OM Brand Stewardship）、智威湯遜的「品牌全行銷」（JWT Total Branding），不約而同但大同小異，都是從廣告傳播的立場助力品牌的涉外溝通，在我看來，全是形力的呈現手法。

這些手法有甚多證明有效的實操案例，我完全肯定其功用，但它也就限於協助形成「涉外溝通」這一項外在資產，了不起再藉由多媒體、全傳播操作技術擴大到「輿論評審」這一項，仍然止於形力。絕對可用、好用，卻宜善用，而且對執行品牌管理來說，是助力而非主力。

超市龍頭全聯的廣告傳播執行得極好，充分助力品牌印象的積累，尤其在年輕族群心中開立了豐厚的印象帳戶。但要說品牌在市佔和心佔的雙雙告捷，在 G&P 標註的穩固基礎，絕大部份功勞得歸於企業雄心勃勃的市場版圖擴張計畫，如用四億五千萬元併購松青超市、花一百一十五億元併購大潤發；以及超前擘劃的大手筆投資，如豪砸兩百億元在台灣北中南設立倉儲、物流；再加上不停進化中的消費體驗，如比大賣場便宜、PX PAY 升級成全

支付等等。這些全屬於質力，是驅動大船航行的引擎，搭配在甲板上施放的形力煙火，確保品牌在市場大海中破浪前行。

兩種印象鏈結，讓你下地獄或上天堂

企業公共事務部門的工作之一，是當突發足以傷害品牌美譽度的事件，動用專業替企業滅火。實際上，每當業者意識到危機發生，為阻斷事件延燒所實施的做法大致屬於形力範疇，因為所有的質力都需要時間淬煉，遠水救不了近火。諷刺的是，曝露在較高危機風險的企業如食品飲料、餐飲、交通運輸、保健食品，以及非企業的政治人物，遭逢突發事件，每每照表操課，祭出各類形力因應，風頭過了，依然故我，缺乏回望質力、從根源解決掉風險源頭的認知，如同一有疼痛症狀就反射性地吃止痛藥。

我不是說止痛藥不能吃，為了緩解症狀，可以類比為止痛藥的泛傳播作為，能阻斷火勢沒錯，卻無力營造一個不利火苗生成的環境。相對於用止痛藥類比形力，質力可類比為特效藥，偏偏吃慣止痛藥的人，愛上那種快速壓制症狀又用途廣泛的良好感覺，藥癮上身，更加忽視質力。

我在提供企業品牌相關服務時，經常遇到企業主或品牌經理人在危機處理結束、鬆了一口氣後，對著需要花錢、花時間、花耐性的品牌管理檢討書搖搖頭，表示：「以後再說吧！」他們的理

由滿相似，處理一場公關危機支付數十萬到上百萬，何時會再發生下一場危機，純屬機率問題，運氣沒那麼差吧。反倒是正而八經地執行檢討書的質力提升計劃，勞師動眾又所費不貲，在推動過程中難保不得罪人，實在吃力不討好。

比起危機發生的機率問題，質力這件苦差事，往往變質為公司政治問題，乾脆擺一擺或留給繼任者煩惱。我真心認為台灣企業經理人諱疾忌醫的鄉愿、犬儒心態，貽害不淺，也難怪我手上保存的企業資產評估表與品牌診斷書，總體來說，內在資產估值普遍低於外在資產。

質力病灶不解，隱患寄生體內，形力總有招式用老的一天。

形力如大樓的外觀，質力如大樓的內部，外觀疏於清理，看來陳舊破敗，路人以為是廢樓，會心癢手賤朝窗戶丟石頭，砸破一塊玻璃，如果樓內的人探頭出來朝路人叫罵，路人警覺裡面原來有人，便不敢故技重施。反之，大樓外觀亮麗，卻遇到一個膽大路人，同樣心癢手賤朝窗戶丟了石頭，結果發現竟沒人出面干涉，這下爽了，可以安心享受砸玻璃的快感，還招來更多心癢手賤者砸破一面又一面的窗戶。

這就叫「破窗理論」（Broken Window Theory），引申到品牌管理來用，你用形力精心裝飾點綴的品牌外在印象，一旦出現第一個破口，例如有人在網路爆料說品牌壞話、甚至攻擊企業，由於質力沒有夠好的內在資產支撐，容易曝露品牌內在缺陷，不僅

無法把破掉的玻璃補好，還會勾引更多網路上的「厲害」關係人挖掘出其它缺陷進行連鎖反應式的爆料攻擊，讓形力難於招架。

破窗效應導致的連鎖反應，我稱之為「破壞式印象鏈結」。懶於打理質力的經理人，不要以為品牌沒有陷入鏈結而沾沾自喜，真正原因大多是先發生的破壞式印象跟準備要發生的破壞式印象，中間間隔時序較長，尚不足以引發連鎖反應，只要破壞式鏈結夠多，或者幾個破壞式鏈接連續發生，更多有心人透過網路搜尋起底，一樣適用 AISAS 模式，破窗效應便來了。

執行品牌管理時，用質力顧好內在資產，等於製造「建構式印象鏈結」，可增益資產，用來對抗破壞式印象鏈結。厲害關係人透過 AISAS 模式施放有害的印象鏈結，你或友善的利害關係人也可以用 AISAS 釋放有利的印象鏈結，在「品牌呈現」戰場設下防火牆，阻止破窗效應。

Uber 剛殺進台灣的那一陣子，嚴重威脅計程車生意，眼看政府並沒有積極管理這個新創運輸商業模式的打算，計程車隊扛壩子的台灣大車隊不忍了，跳出來阻擋市場遊戲規則的改變。

該企業在初期經歷過消費體驗的檢驗，因負面評價多而增生不少負向印象，所幸它沒有迴避乘客的抱怨質疑，努力改善質力，在駕駛服務教育、客訴受理 SOP、車輛妥善水準、叫車系統等方向，全面優化，讓台灣大車隊的品牌印象不只是好記的 55688 而已。

接著再展開企業轉型，涉足運輸關聯產業，如車輛維修保養、清潔服務、外送、城市快遞等，經營策略由移動通路轉型為開放平台，練就了強壯的體質，也擁有了對戰 Uber 這個國際強勢品牌的底氣。

我密切關注台灣大車隊在對戰期間的表現，確信它有全盤規劃，密集運用多種形力，擺出正規軍陣容正面對決 Uber，包括遊說民意代表立法、向主管機關喊話、網路空戰、帶輿論風向、媒體曝光……不一而足，這場形力仗打得頗精采，讓原本就投鼠忌器的對手處處挨打。經過多年秣馬厲兵養起來的質力，明顯取得社會大眾認同，讓在前線作戰的形力，糧草補給充裕。

台灣大車隊在這場本土對抗跨國的戰爭中贏得勝利的關鍵，絕對不是因為對手遊走交通運輸事業法規邊緣而在理字上站不住腳，而是該品牌早早在威脅發生前，先執行質力來管理品牌印象，成功預先掃除破窗效應發生的環境因子，立於不敗之地。再加上 Uber 湊巧在那段日子遭爆數起駕駛疑似行為失當的事件，Uber 的印象尚處於剛剛爬上第二層樓的心象層，仍在養成觀望中，當時發生的負面事件反倒使得破窗效應發生在質力還相對薄弱的 Uber 身上。

台灣大車隊一方面執行了妥當的質形力，有建構式印象鏈結的保護；二方面坐等破窗效應導致的破壞式印象鏈結纏住敵人，展示了一場讓自己上天堂、讓對手下地獄的印象鏈結攻防戰。

藥物成癮的戒斷症狀

形力的確有準備期短、上手簡單、迅速治標的優點，這也難怪泛傳播行業慣於用來解決從行銷到品牌的眾多議題。

殊不知，泛傳播業者談的品牌定位，其實偏向品牌在傳播意義上的定位，而非品牌在經營意義上的定位；他們談的品牌個性，也是偏向品牌在創意表現上的個性，與品牌在市場競爭範疇用的性格人設不盡相同；他們談的品牌願景，實際上常應用於傳播領域，跟影響公司治理和經營方略的品牌理念層次有差。

我在服務企業時，經常需要先開一堂內訓課程，幫助操作品牌管理的人釐清那些被逾越使用分寸的術語，避免術語變咒語、牽著執行者太偏向形力走。

做品牌，固然最好別太過偏「質」，更應避免一意孤「形」。

如前所述，形力討喜，是偷懶的經理人用來粉飾太平、趨易避難的良伴，而且形力可外求產業鏈完整的泛傳播行業，有錢好辦事，至於在輪機室揮汗養護質力引擎這檔吃力不討好的事，還必須由企業內的人自己承擔。試想，維運保養一具船用引擎有多費力？施放煙花又有多愜意？親形力而遠質力，經理人至少不必去面對企業內部多如牛毛的人事、派系、績效、評鑑和超棘手的文化劣根性啊。

就這樣，經理人用形力成癮後，甚難戒斷，品牌不斷在形力

大弧度的效果上升曲線與衰退曲線交錯中重複消耗資源。久而久之，企業從上到下一律喜「形」於色，深陷惡性循環卻不自知。我不禁聯想起十六世紀英國都鐸王朝時代財政學家提出的格雷蕭定律（Gresham's Law），劣幣驅逐良幣。過度使用形力成癮，如劣幣般放逐了質力。

2020 年，有大眾鞋王稱號的台企永恩國際，宣布退出兩岸的中高檔品牌「達芙妮」和「鞋櫃」的實體零售，門店數量由鼎盛時期的近七千家狂跌到不足三百家，它的崛起堪稱豪氣萬千，它的快速隕落則實屬品牌內在資產跟不上市場高速擴張的悲劇。要說在形力的執行面，台灣消費者比較熟悉的達芙妮品牌可謂使出渾身解術，自企業識別系統、店面裝潢、網路推廣、廣告傳播到代言人，無不高標高規，光兩岸代言人就有郭雪芙、劉詩詩、S.H.E、韓星全智賢等大咖，夠壯盛耀眼吧。

形力沒有問題，是質力遠遠跟不上形力，造成實際消費體驗和接收到的感官印象間出現落差，終於因品牌印象撐持力道薄弱，導致原本就在第二、三層樓間膠著浮沉的心象崩壞——外界評論多用形象崩壞的說法，其實不夠精準，說心象崩壞才對。關於達芙妮低價搶市、通路拓點太快、品質不符期望、使用口碑不佳的「破壞式印象鏈結」，不一而足，幾乎全指向企業過度依賴市場擴張，硬攻強吃，忽視基本功。

格雷蕭定律是否在你的企業蓄勢待發？用形用到成癮的戒斷

症狀是否在你的企業初現徵兆？質形配比是用來照見病灶的電腦斷層掃瞄儀，盡早替品牌診斷並斷癮吧。

眼見真的為憑嗎？

為什麼我要在執行品牌管理這件事上，反覆提醒你澈底分清楚質力和形力的差異？這跟供需失衡有關。

台灣長期偏重品牌外在感官印象，企業在這方面的需求殷切，有需求就有供給，其中主要提供感官印象的泛傳播行業運作十分成熟，備受重視的有視覺設計、包裝設計、店面設計、網路設計、社群經營、網路推廣、廣告創意等，這些內容提供者孜孜於各自專業領域，往往沒有餘力也沒有意願去探索感官印象之外的品牌世界，缺乏對品牌的整體理解，在替企業解決表象問題的同時，沒能適時提醒企業應配套處理質力，讓企業陷入質形落差困境。

雖說會得罪人，但既然是事實就沒什麼好顧慮的，比起明知故隱、當濫好人，我寧可遭人白眼也要警示做品牌會踩到的地雷。有些內容提供者號稱能附帶提供品牌相關提議，而且很多是「買設計送提議」，免費欸。

我有幸看過幾個由企業主動出示的、來自內容提供者的免費提議，可想而知，離不開核心價值、DNA、願景、個性、故事

……等形勝於質的項目，實用價值有限，即使用了，那些抽象到口號般的核心價值，也改變不了企業本質；抽象到神級的 DNA，也無法指出企業的內在缺陷；美好到百年後都未必能夠實現的願景，除了寫進企業簡介，別無用途。

企業在購買泛傳播服務時，拜託別抱著買菜送肉的貪便宜心態，內容提供者更該守好專業倫理，拒絕供給有誤導之嫌的半調子提議。至於理應供給專業提議的品牌顧問或管理顧問，如果未盡專業本份，明明該待在船底揮汗如雨地修理輪機，卻跑上甲板施放煙火，靠花拳繡腿賺錢，若因此誤了拉品牌一把的機會，那可是職業道德問題了。

當眾多企業做品牌時，受到上述供需失衡的影響，而誤以為用形力就是在做品牌，整個企業界的品牌管理如旅鼠般盲竄，對產業競爭力與經濟發展都非常不好。

我從年輕到中年，本職學能的核心是創意，身處形力世界的我，清楚泛傳播服務的貢獻，我不可能隨便抹煞它的。也正因為操作了近四十年的創意，深知它的侷限，所以前面說的話，在品牌關聯服務業者看來，難免深覺刺眼，但總得有人說出實情，不是嗎？

別嫌我囉嗦，讓我再說一次，執行品牌管理，千萬不可只執著於形力，品牌的根基永遠來自質力，企業用於打造品牌的預算如果有限，應優先花在質上。倘若「形」有餘力了，才回頭照顧

質，經常已是百年身。

你聽過億豐綜合工業嗎？你知道「NORMAN」這個全球市佔第二的客製化木窗簾品牌嗎？應該沒聽過吧，因為它在台灣從未操作過形力。1974 年創立的億豐，是硬式窗簾如百葉簾、木質簾的佼佼者，重視產品設計與創新，深諳企業體質的重要，曾在 2000 年初為取得大刀闊斧改造企業的完整權力，購回股權，選擇下市，之後的七年，逐步推昇毛利由 13.7% 躍升到驚人的 44.5%。除了在美國市場創設 NORMAN 品牌，在歐洲另創 VENETA 品牌。

它敢於這麼做品牌，來自堅強的客製化實力，憑著大幅縮短產品交貨期，加上繞過大型通路，經由區域經銷制度設法打進美國的小型裝潢業。億豐如果覺得值得把海外品牌轉回台灣市場，是有條件比照瑪吉斯的先例，載譽歸國，然後只需稍微使用形力，品牌在台灣不難站穩腳步。

聽過隆美窗簾嗎？大多數人應該聽過，畢竟即便沒買過它的軟式窗簾，也對它的電視廣告印象猶存吧。

主打價格策略的隆美，強調「不必殺價就很便宜」，搭配未曾間斷的廣告投放，品牌知名度高，但當民眾購買行為動機從馬斯洛需求金字塔的「追求安全與歸屬感」，爬升到追求「自尊與自我實現」，它並未同步往高質感、高服務轉型，品牌仍走在老路上。結果空有知名度，印象帳戶卻捉襟見肘，印象的一致性紛

亂、沉潛度低，按照我的估算，它已從曾經住進的第四層樓掉到第二層樓，後勢堪虞。隆美在形力的持續投資，事實證明沒辦法阻擋因質力弱化造成的品牌力式微。

形力會讓人一用上癮，你在滿街看見設計美美的品牌標誌，在媒體看見吸睛的品牌創意表現，在網路看見怦然心動的品牌報導。事實上，你看到的一切形力表現根據視網膜效應（Retinal Effect），有很大可能只是你的視網膜希望你看見的。

「形」禮如儀，遠不如一「質」千金

本章反覆強調質力，苦心呼籲企業回歸本質，強化企業體質，既可鞏固競爭力，又能抵禦從各個領域紛至沓來、傷害企業的負向印象。

今生金飾大約二十年前跟我接觸前，沒有少著力在形力，但始終囿於形勢、找不到突破市場停滯的更佳解方。我跟當時的業主歷經論述，改弦更張，以打造品牌力來重建經營策略，並做為行銷策略的上位指導準則。

業主團隊與我的團隊分工合作，他們專責優化內在資產：如根據核心顧客 Insight 找產品設計概念（五內資產的產品創新）、增加貼近顧客需求的售後服務（五內資產的服務內化）。我們則探查核心顧客的印象拼圖（五外資產的顧客忠誠）、消費者的

G&P 標註（五外資產的消費經驗）等等。

質力無法立竿見影，要邊做邊調。雖然經營策略的轉型過程歷盡艱辛，但質力的提升陸續受到通路與消費者肯定，加上改變形力的品牌呈現策略，為品牌在印象層打點滴，質形力雙線作戰，逐步整併了消費者的認知一致性，同時達到足夠的意識沉潛深度，讓品牌在心象層獲得全新評價。成效除了表現在市佔，更連續數年獲得消費者票選的「讀者文摘信譽品牌」金牌獎。十幾年堅持執行質形力，該品牌擁有的無形資產，讓其後的經營權易手堪稱順遂。

容我提醒台灣企業經營者，遇到經營難題或市場困境，在反射性的動用「形」的技術手段應對處理之餘，莫忘反思「質」的貧乏缺失，標本兼治，才不致重蹈覆轍。謹記，動輒在形力一擲千金，遠不如一「質」抵千金。

執行等於「質形」。好記易回憶，你別忘記。

即學即用

1. 從「接觸」、「體驗」、「契合」三個面向澈底檢視你品牌的質力表現，是否能滿足核心顧客要求，同時能和主競品匹敵？
2. 全面蒐集整理不利你品牌的破壞式印象鏈結，並檢討現有的建構式印象鏈結能否有效抵銷破壞式印象鏈結？

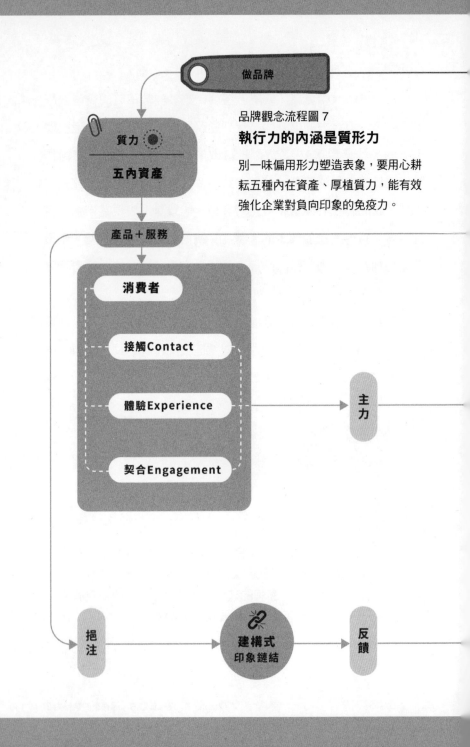

做品牌

品牌觀念流程圖 7

執行力的內涵是質形力

別一味偏用形力塑造表象，要用心耕耘五種內在資產、厚植質力，能有效強化企業對負向印象的免疫力。

質力

五內資產

產品＋服務

消費者

接觸Contact

體驗Experience

契合Engagement

主力

挹注

建構式
印象鏈結

反饋

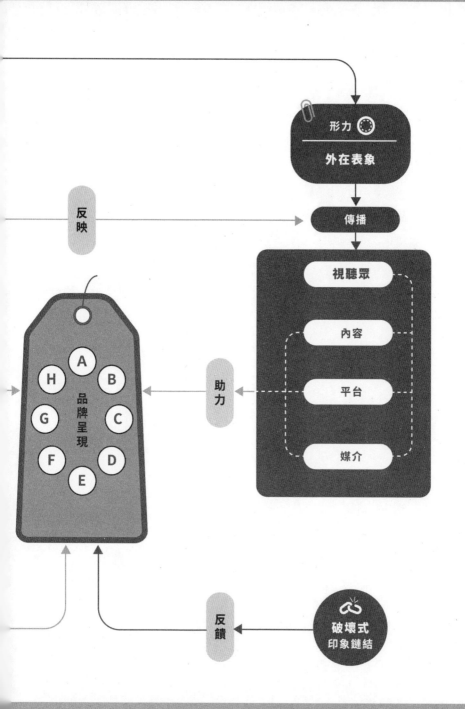

PART 3

經營造就

Chapter 8

品牌的第八個重要觀念

經驗、直覺靠邊站，
品牌發展需策略引導

　　講完品牌管理的第一件事：A資產。接著來到品牌管理在管的第二件事情，S策略！

　　「策略」這個名詞，整個產業界、商業界、行銷界、學術界無不琅琅上口，大家脫口說出，習以為常，但會說一定會做嗎？大有疑問。先提出以下三個關於策略的問題，你會如何回答？

　　1. 策略屬於何種大腦行為？

　　2. 策略運作的基本條件？

　　3. 策略的定義？

　　在幫你搞懂策略是什麼之前，我不會帶你闖進品牌策略的深水區。這本書看到現在，你應該曉得我癖好窮究真相與窺探本質，所以稍安勿躁，且聽我淺談策略。

做決策，怎能不理性？

我們每天都在運轉大腦以便操控行為，例如你在街頭遇到一位遊民，你想施捨一點錢援助他，你採取的下一步動作是什麼？

假如你立即做出施捨金錢的「決定」，就是屬於直覺型的感性行為。假如你花了點時間思考，考慮眼前這位對象是否值得施予善心？這筆善心是否應該施予另一位遊民？昨天剛施捨過一筆，今天再施捨是否太頻繁？類似的想法快速跑過腦海，然後才做出施捨與否的決定，事實上這個電光火石的思考歷程已經超越決定的層次，上到「決策」層次，屬於邏輯型理性行為。

那麼簡單的施捨行為，可以算決策嗎？沒錯，只要你動用了思考運算歷程，就算做了決策。而決策往往仰賴策略來維持其理性特質，因此決策可說是策略運作的結果。可以這麼說，你在街邊用五秒鐘快速完成的邏輯思維，堪稱一次極簡且極速的策略思辨演示。「策略」這個詞看起來滿唬人的，但它說穿了不過跟你每天利用幾秒鐘到幾分鐘所做出的日常決定一樣，是一種決策流程（Decision-Making Process）。你平日養成靠邏輯下決策的理性行為，大有助於練習商業策略思維喔。

但是在商業上，為什麼「決定」不如「決策」？而靠腦內快速運算歷程做出的「決策」，又何以遠不如靠架構（Format）推演而得的「策略」呢？

原因出在台灣企業主與負責行銷的經理人，用直覺做決策的比例偏高。我認為可能跟大家從小到大欠缺邏輯思考的訓練有關，慣用大腦皮質做決定，太少操練海馬迴，太少刺激神經元釋放傳導物質、增加突觸連結，因此不常動用理性思考迴路。像我接觸過的一些經理人，很不擅長發展策略企劃，他們做的企劃案其實比較像執行計畫案，而不像有策略觀點的企劃案，有的更離譜，乾脆拿去年的企劃案混充來年的，連年度都漏掉沒改。

別把策略當口頭禪

那麼，我們回頭來回答前面的三問。

第一，策略推演是基於邏輯構思所進行的理性思考行為。

第二，策略運作的基本條件，來自遵守推演架構或推演模板，也就是按部就班的順著一套有因果關係的思考路徑走，並且要熟悉許多推演技術工具，如情資剖析、矩陣分析、消費者行為與價值理論⋯⋯等等。

第三，策略的定義。先講長版本的：

為達到預設目標，在執行前進行的一連串深度思考行為，廣泛考慮重要的影響因素，得出可用來控制執行的觀點、概念、原則。

長版本定義太拗口了，別記這個。先提供一個只有九個字的

簡單定義：

策略就是執行的方向。

方向的意思呢？例如經營策略就是要推導出企業發展擴張的方向，行銷策略就是要推導出產品銷售的操作方向，促銷策略就是要推導出促進購買的計畫方向。方向、方向、方向，能給出方向的理性思考行為就是策略。

要用複雜的定義或簡單的定義，你自行選擇。但我在自學策略的日子，發現想要形成有實用價值的策略，光照著思考架構走，只能勉強及格；長於使用多項推演技術工具，頂多不犯大錯。要問誰能在策略中扮演英雄？非主張和觀點莫屬。

有價值的主張、夠銳利的觀點，得來不易，雖然不到鐵杵磨成繡花針的地步，也夠你搜索枯腸的。推敲過程用的是反覆權衡利弊的辯證法。所謂辯證，給個通俗的說法，就是真理越辯越明，只怕懶得想，不怕想多了。權衡利弊得越仔細，辯證得越激烈，越能推導出一般決策無法發現的「可能性」（Possibilities），超越理所當然的普通想法，遠離窠臼，探索新的可能，磨石見玉，開創新局。

設定一個狀況給你，來試試如何權衡利弊。假設你打算新開水餃店，要尋找適合店面，有兩間出線的選擇，一間位於商業區靜僻巷道內，三十坪，月租五萬元；另一間位於住宅區主幹道上，二十坪，月租四萬元。你會如何選擇？

別用直覺，也就是別用你積存在記憶的租屋經驗做出非理性反應。你的直覺反應當然仍有做對決策的機會，但因為你太快決定了，形同放棄掉其它可能性，所以你做的往往只是次佳決策或者不太糟的決策而已。

走一次邏輯的理性辯證過程吧。你可以納入權衡利弊的因素還挺多的，如住宅區外食人流與時段、商業區外食人流與時段、外食人口人文特徵與消費特性、過路客流量、單組客平均蒞店人數、客消費單價、區域內供應飽和狀況、同質店家競爭態勢、標的店面優缺點比較、前兩手承租者經營狀況、整修成本、法規符合……等等。

權衡利弊時的因素愈周延，原則上做出的決策愈可靠，而且大部分因素都需要數據、情資或實地勘查，讓權衡有憑有據。經過這一段思辨過程後，或許你會驚覺無論開在商業區或住宅區都並非最佳選擇，可能搞個生水餃宅配更適合你。

好了，無論是大到企業轉型策略，還是小到該自駕或搭公共運輸的出遊策略，大小不拘，一體適用我給策略的正式定義：

一個根據足夠情資來權衡利弊、找出執行方向的思辨過程。

這個長短適中定義的靈魂落在「思辨」二字身上。所有推演技術工具的主要作用無非是為了帶動你的思辨，讓流暢的思辨找到策略方向，而技術工具只是提供輔助罷了，可別倒果為因。假如學習者的思辨能力開發不出來，我會視為失敗個案。

關於策略通論與思辨方法，可以專門出一本書細說，讓我再多談一點然後就要轉回到品牌策略了。

策略思辨過程分成前後兩個階段，前半段稱為「歸納思辨」，主要權衡數據、情資和標的之間的因果關係，發掘解決問題或運用機會的突破口，亦即以垂直構思爬梳出一個提出主張或觀點的方向。方向梳理出來後，便輪到「演繹思辨」表演。水平構思的演繹思辨，可不是天馬行空的跳躍奇想，而是應用多種策略技術工具來控制想法，權衡什麼樣的主張和觀點跟歸納思辨得出的方向最為契合。

來舉個例子，借用企業在市場的經營結果，試著回推其當初可能做的策略思辨。金車集團創立初期做噴效殺蟲劑、滅飛蚊香、白博士清潔劑，之後開始採行多角化經營，跨足多個領域，尤其在飲料市場向來敢衝敢拼，率業界之先勇敢創新，一旦試出不錯市場反應，便全力打造成明星級產品，如長銷品牌伯朗咖啡。其實金車因勇於擔任市場先行者而失利的產品不少，但它寧願開疆闢土，花學費衝鋒陷陣，也不願採行穩健保守的老二策略。

先行者策略讓它勇闖陌生市場，最令人折服的表現當然是釀酒事業，也最足以展現它在市場策略上權衡歸納出的藍海開創方向。金車秉持慢工出細活的墾荒精神，從早期引進嶄新概念的機能飲料，一再藉由思辨，終於權衡出超越業界想像的新藍海：自創品牌威士忌、自創品牌啤酒。

以上是我以金車為例，假定它們做了關於開發新市場的策略思辨。至於金車是否有做類似的策略思辨？我不得而知。但他山之石，可以攻錯，如果你的企業沒有像金車般不怕失敗的勇氣，你更該從它的產品開發歷程逆向學習，理出脈絡，引為己用。

策略用來約束創意

策略是用來約束創意的，這是真的嗎？會不會太誇張了？一點都不會。起碼根據我自己幾十年來同步運用策略與創意的實戰心得，在運用邏輯線性推進來權衡思辨、探尋方向的同時，也限縮了可供跳躍式思考躍進的空間。這就如同鋪設一條鐵軌，讓你有效率地將企業資源投入指定的方向，而且大致上是正確安全的方向，但正確不代表精采。

大家當然會期待精采的企業轉型、精采的產品概念、精采的行銷手法、精采的創意點子。但問題來了，精采的通常不穩定，沒有經過市場驗證，成敗機率各半。或許你會認為，管它有無驗證，先做先贏如何？這在商業市場攻防可不是好選擇，因為先做的結果，更可能先贏後輸。

例如率先義無反顧押注純電動車的特斯拉（TESLA），話題不斷、表現精采，但先行者是否能在純電車市場進入高速成長期時，成為最大的商機收割者？我抱持高度懷疑，畢竟，特斯拉的

試錯過程剛好就是競品的學習過程，它在精采的跳躍式創意上所耗用的試驗成本，跟競品在邏輯權衡思辨上付出的時間成本，兩者相比，採取老二策略的競品，固然有失去先機的風險，但特斯拉在市場導入階段所冒的經營風險更高。

同樣是先行者市場策略，為什麼在金車是正面教材？到了特斯拉卻變成高風險的負面教材？差別在權衡思辨發生的地方。

當發生在一個幾十年歷史、擁有許多先行經驗的金車身上，權衡基礎實實在在，就算整個思辨僅在少數幾個人的討論中浮出，根本沒有做正統的策略推演，用我在本章開頭提出的標準，金車的思考歷程仍然屬於邏輯型理性行為，仍然算策略型決策。相形之下，新創事業的特斯拉，創辦人馬斯克的個人特質太強，蓋過特斯拉的品牌光芒，一路走來的決策有不少帶有馬斯克的個人色彩，充滿直覺型感性行為的味道，與其說是「決策」，說是「決定」還比較適合。

基於個人對策略的尊重，我勢必要苦勸你多多練習邏輯策略思辨，忘掉看似精采、實則驚險的跳躍式思考。試想，站在經營者的立場，你會選擇先花時間鋪設鐵軌、讓資源投入正確卻不精采的方向、能得到預期結果卻難有意外收穫？還是你會選擇在沙漠隨機漫步、冒著渴死的危險尋覓沙漠玫瑰？

策略，不管用在哪個地方，即便是創意策略，其角色一樣是掐住創意的脖子，祭出邏輯線性的緊箍咒，收伏身懷七十二變絕

技的創意潑猴。精明的企業主和慎重的品牌操盤人，看待策略要有明確的認識，策略不是用來引發精采創意的，而是用來控制創意不會因為太精采而脫軌演出的。

所以，金車踏入製酒業，算創意還是算策略？從該企業既往推動新產品與新事業的軌跡看，必然要算策略，或者說是在同業眼中充滿創造性的策略吧。我的看法，策略並未限制該企業對市場可能性的想像，也未限制企業主對實現野望的想像，因此涉足蘭花、水產養殖、生物科技、酒品等眾多中、低關聯市場。

從品牌角度審視，企業品牌的金車（King Car）通盤掌握競爭優勢、迴避競爭劣勢，忠實履行重開創的企業文化，貫徹寧可挖掘藍海、不蹭紅海的經營理念，品牌發展的策略方向明確。旗下各自產品品牌的發展策略則因市場特性而各有所本，如伯朗咖啡從罐裝飲料跨界到餐飲連鎖實體店，算是「品牌價值延伸策略」；如自有威士忌品牌噶瑪蘭主打國際獎項肯定，算是「品牌比肩策略」，類似日本三得利威士忌；自有啤酒品牌柏克金則巧妙運用噶瑪蘭的月暈效益，再度展演一次品牌價值延伸策略。

說到這裡，你還是認為發生在金車集團的品牌事與產品事，是企業主憑直覺的即興之作嗎？或是憑經驗的理性決策？或是憑一套行之有年的邏輯思辨程序權衡所得？第一個選項可以排除，再好命的企業主，運氣也沒有好到能連中數元。

第二個選項跟第三個選項實質上近似，你不能說沒按照架構

走的決策就不叫策略，你也不能說做出一份 PPT 檔案的才配稱策略，大老闆在高爾夫球場邊打小白球邊想通的難道就不配稱為策略嗎？誰規定策略一定長什麼樣子？由幕僚或品牌部門引經據典製作的 PPT 提案，跟高層在居酒屋拍板的決策，一樣是策略。只是第二跟第三選項的差別在於企業高層要長保頭腦清醒、理智，外加鮮少誤判情勢的好手氣，才能讓憑經驗做出的策略常保品質，而這很難、很難。

憑一套思辨作業模式來操控興之所至的快速決策，固然失之制式化而致穩健有餘、精采不足，卻是小心駛得萬年船。

同樣操作多角化經營，輝葉這家台灣的按摩椅企業，先推出子品牌輝葉良品，以實體店展售販賣按摩器械、沙發家具、生活家電等，提供家庭空間搭配整合服務，跟主業的按摩椅算得上有中度關聯，屬於新市場區隔策略。

2022 年中，我途經台北市中山區長安東路，突然看見一間「輝葉台菜」，本來還沒有什麼特別感覺，不就一家湊巧跟輝葉按摩椅同名同姓的新開餐廳嘛，直到我望向店內，發現有兩張按摩椅略顯突兀地擺放在店內。蛤？我還是第一次見到這種異類結合的消費場景，是一種用餐兼免費體驗按摩的新創營業模式嗎？之後總算知道這家台菜餐廳真是輝葉的關聯事業。

但我不會將輝葉台菜視作輝葉的另一個子品牌，因為據了解，該企業主事者表示開台菜餐廳是「個人興趣」，推想他只是

直覺地沿用品牌名，尚未打算將輝葉台菜子品牌化吧？如果最後真的把它當子品牌養，那就的確不符合邏輯了，畢竟台菜餐廳跟按摩椅不是關聯度有多低的問題，而是一點關聯度也沒有！貿然把品牌名使用到無關聯度的新事業上，業種跨度太遠，會讓原品牌在四層樓架構的心象與想像層遭受到輕重難料的衝擊，不可不慎。我可以大膽推測，該企業的決定很有創意，卻並非權衡利弊後做出的邏輯思辨，不怎麼像決策，離策略則更遠了。

別讓彼得害到你

金頭腦、點子王，這類人是組織中高管理風險的一群，因為他們不受控，表現極端，時而貢獻切合實際需要的精采想法，時而端出令人瞠目結舌的奇想，組織為了用他們的才氣、同時阻止他們如脫韁野馬，傷透腦筋。策略除了用來引導平庸的人在半強制框架中推出及格的結論，也用來箝制聰明的人在框架外自作聰明。策略對企業管理的幫助，確實有約束創意的意義，即使因框架過於死板、未留彈性而綁架了人腦，在所不惜。因為企業裡面會犯錯的人太多了，那些毫無創意的人犯的錯也毫無創意，對企業而言，擦傷罷了；那些稍有創意的人通常膽子小，犯下的錯可以彌補，對企業而言，多屬皮肉傷；至於創意澎湃的人不犯錯則已，一犯必定驚天動地，對企業而言，非刮骨不足以療傷。

再說一次，策略是用來約束創意的。君不見，《三國演義》中孔明為何揮淚斬馬謖？諸葛亮深知這位左右手才智過人，未料馬謖自作聰明，違背孔明軍令而兵敗，痛失街亭。諸葛亮為平息眾將之怒不得不軍法處置，馬謖臨刑前高喊「罪有應得，死而無憾」，也算不負有才者灑脫風骨，但孔明因未能成功約束這位可造之材而誅殺左右手、又損軍師威名，不揮淚才怪。

　　相信許多企業主看到這裡，會很有感吧。從你手上送走過幾位像馬謖這種有才卻難以受控之人？如果組織明訂規範，例如涉及經營和品牌的策略，務必遵守策略推演框架，無可逾越，讓有才之人如千里馬口含銜、頸掛韁、背披鞍，限制多多，縱然於心不忍，但絕對必要。台灣企業不乏類似孔明斬馬謖或曹操殺楊脩的例子，若企業主總要等到當了揮淚的孔明才知規矩和策略的重要，那時人才已變人災，徒留遺憾。

　　我曾經擔任一個建築業者的顧問，剛接任新事業的企業二代心高氣傲，沒什麼耐性聆聽協力營造廠章節分明的嚴謹說明，動輒打斷提報，跳躍式地提出一些不符營造成本的點子，讓廠商相當為難。他倒很喜歡跟業界號稱大師級的人交手，如燈光設計大師之類的，兩人像極了兩匹天馬，在會議室口沫橫飛，聽得出席眾人面面相覷，心想要是這樣做燈光照明，整棟建築會像馬戲團的旋轉木馬，高調而俗艷。我還記得，專案經理秀出建案計畫書，介入打斷，力陳如此的燈光調性跟立地條件顯有不合，二代

揮揮手說，「別拿那本東西來壓我，我不吃你這套，我們在談創意，你做工程的不懂。」

　　一個人在企業內因為某種特質而被擢升到他無法勝任的位置，終於搞出大事，成為組織的負擔、企業的絆腳石，這種「人才變人災」的現象在管理學上叫做「彼得原理」（Peter Principle）。彼得原理原本用來提醒企業主注意用人問題，但我的觀察，台灣企業的彼得原理比較適用於企業主自身，因為他們跟企業是命運共同體，一體兩面，慣常在策略構思上不甩規範、架構，做了無法勝任的任性決策，成為阻礙企業進步或破關的最大障礙。

　　我為何要在遵守策略架構這件事上寫這麼多？曾經跟自信滿滿的老闆浴血奮戰過的品牌經理、曾經跟不想看或看不懂策略的老闆揮汗周旋的品牌操盤人，你們一定懂。一份幾十頁到上百頁的品牌策略值多少錢呢？我悲觀推估，在老闆心中的價碼，大概僅有操盤人認為的十分之一吧，而且沒有最低，只有更低。至於當上老闆的人，當然有資格不親自撰寫策略，但你沒條件不尊重策略，除非你的八字好得一蹋糊塗。或者，如果你的英文名字碰巧叫做 Peter，要不要考慮改個英文名字？

策略架構有固定模板嗎？

　　策略架構是否有固定模板呢？問一百位有實戰能力的策略構

思者，九十五位會說有。如事業計畫、年度行銷策略、傳播計劃、異業結盟策略、併購計劃案，無論名稱有無「策略」二字，全部統歸為策略，也全都有多種可依樣葫蘆的架構，做為依循參考的範本，便於順藤摸瓜、循線撰寫，想用的人照表操課即可。

先說，我贊成使用現成模板，它一樣能夠約束人的任性，即使因此限制了精采絕倫的自創邏輯思維，但兩害相權取其輕，跟邏輯嚴謹性不足的自創架構相比，現成模板還是值得用。但依照我發想撰寫過數百份各式策略的經驗，其中只有低於 20% 的策略適合完全套用現成模板，其他至少 80% 的策略需要視時空環境、特殊背景、企業實況等，考慮額外變因，計算罕見變數，在既有模板的線性邏輯中，彈性調整各單項順序，或增加變項，或刪除定項，甚至打破既有線性安排，重新設定邏輯程序。

因為我認為策略是可變動的活模板，而非定於一尊的「死板」，我在發想每份策略時，會注意隨時彈性調整或打破成規，不讓我的思考因遵照模板而被框架綁架。從我跨入品牌相關服務的第三、四年起，所發想跟品牌有關的企劃案，基本上沒有任兩份的架構是完全相仿的。

策略架構因案而異，但我自有一套企劃構思流程，適用於所有架構模板，你可當參考。這個構思流程分為六個步驟，關鍵在第三步驟的「規劃可能之構思路徑」，可謂企劃的靈魂誕生處。我通常在確立構思方向後，會統合考量所有變因與變數，擬出一

圖 3　策略架構企劃構思流程

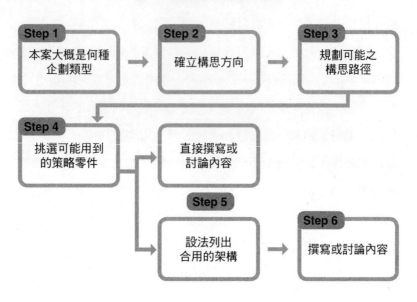

個邏輯路徑，裡面包含常用的思辨和論述方法，以及依個案不同而增加的構思變項。圖 3 中的第三步驟會花掉許多時間，但再多都絕對值得，因為前面說過策略的簡易定義就是「執行的方向」，構築案子的構思路徑正是探索方向的過程，需要反覆琢磨、再三微調。

等路徑鋪排好，下一步便可以根據路徑所需，挑選我稱之為「策略零件」的思辨輔助推衍工具。策略零件之多，足以讓你眼花撩亂，體驗到何謂學海無涯，光說「市場分析」這個單項好了，可供運用的策略零件就學不完了。例如：SCP 模型之行業環境分

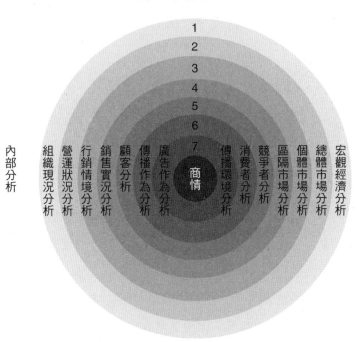

圖4 市場內外部分析

內部分析　組織現況分析　營運狀況分析　行銷情境分析　銷售實況分析　顧客分析　傳播作為分析　廣告作為分析　1　2　3　4　5　6　7　商情　傳播環境分析　消費者分析　競爭者分析　區隔市場分析　個體市場分析　總體市場分析　宏觀經濟分析　外部分析

析、市場因數推演法、局部總體類推法、馬可夫分析法、Gartner
公司的魔力象限、BPSP分析法、SDA統計需求分析……無論新
舊,只要適合用,而且會善用,都是用來組裝策略的好零件,在
推演不同的策略時或多或少都有運用價值。

　　除了使用學來的策略零件,我也會自創適合台灣商情的零件
和模式,如圖4所示的市場內外部分析,用來會更得心應手。

　　你會用的策略零件愈多,邏輯思辨愈到位。一份策略如果通

篇都是文字陳述，缺乏思辨輔助工具的印證，很容易過度主觀。這些工具有兩大功用，其一是強制校正主觀，如果你的推論無法以思辨輔助工具的形式呈現，通常代表存在了漏洞。其二是確認思辨過程耦合邏輯，大多數思辨輔助工具必須承先啟後，能精準銜接前面的推論陳述或思辨工具，並且能對接後面的推論陳述或思辨工具。

總之，在你學會使用足夠的策略零件之前，可別輕狂的說你會做策略。我看過的策略企劃案，有許多沒有鋪排構思路徑，用到的策略零件也太少，很難算是策略，充其量只算一份報告。

至於我所操作的品牌策略案，除少數事涉機敏、必須封存的特殊案例，大都也簽署了保密條款，只能從好幾個個案中擷取獨立頁面，並刪除重要內容、抽換辨識標記、重設數字後作為本章附圖（見 190-201 頁）供參。你還是可以看出我慣用策略零件做為思辨輔助工具，牽制自認精采、但極可能給品牌穿小鞋的想法。

品牌策略的八項基本架構

推進企劃時，要不斷反覆運用「解析」與「推判」這兩個技巧來推演出論述，讓每個章節都擁有扎實的小結論，直到最終形成整個策略的觀點。解析、推判，再解析、推判，更多解析、推判，然後做出論述，憑藉好幾個論述再總結出觀點。像這樣推進

策略，不會出錯。

　　那麼，品牌策略可以遵循何種架構模板？所有類型的策略操作原則其實都一樣，現成架構可以用，只是要記得在不同背景、條件下保持操作彈性，視狀況機動調整。在此我提供一個品牌策略架構的模板（見圖5），可在沒有特定目的下使用。

1. 品牌族譜（Brand Genealogy）

　　品牌族譜是以「家族樹」的方式呈現標的品牌跟其它層級品牌的關係位置，例如母子品牌、主副品牌、企業 vs. 產品品牌、產品線 vs. 產品品牌……。許多發展到家大業大的企業，沒有持續釐清品牌屬性，造成族譜關係紊亂，例如在推廣副品牌時搞不清楚是否該連帶提及企業品牌，或是一味專注推廣產品品牌，以致將產品線品牌打入冷宮。

　　但是，想整理紊亂的品牌族譜，並沒有想像中容易，因為已經開在顧客心中的印象帳戶，一經調整，輕則造成記憶編寫的歸併錯亂，以及記憶儲存的異質混同，重則動搖品牌在四層樓架構的穩定度。因此檢視與重整品牌族譜的影響重大，是真正屬於專家的工作，業餘人士止步。

2. 品牌規範

　　品牌規範是基於企業文化、經營理念所制定的「品牌操作手

冊」相關規範內容。舉例，某資訊業忌用橘黃色，因為橘黃色是曾重創它的競品愛用色；又例如台積電的英文品牌名縮寫，是用小寫字母的 tsmc，而非大寫的 TSMC，據傳是因為創立初期內部人士認為大寫 T 沒有出頭，小寫 t 會出頭，象徵公司終會出人頭地。類似的品牌規範，企業在擴張過程中需要逐步建立。

3. 品牌力評鑑

　　品牌力評鑑這個項目非常重要，最好一年評鑑一次，最少每兩到三年要做一次。把評鑑結果摘要放在策略裡，目的是讓撰寫者有所本，依據最新的客觀評鑑結果來運用品牌。關於品牌評鑑的細節，待會兒再來詳述。

4. 品牌現況診斷

　　品牌現況診斷跟第三項品牌力評鑑存在時間序列的差異。「評鑑」為一段較長時間的累積結果，而「現況診斷」則是檢討品牌的即戰力。既然品牌屬於企業投資的一環，與產品、通路、物流一樣要時時接受投報率的檢驗，若表現不符期望，品牌經理得提報建請高層做出品牌決策，或由品牌部門修正執行內容。

　　品牌現況常用的診斷標準有「指名度」、「認同感」、「信任感」、「偏好度」等指標；網路興起後，「品牌聲量」成為另一項必備觀察指標，對評估即戰力不可或缺。

5. 品牌關鍵議題

我在撰寫品牌策略時，之所以特別著重發掘關鍵議題（Key Issue），是因為當下發生在品牌上急需處置的狀況，往往會被同步發生的市場議題或產品議題所掩蓋。透過第四項「品牌現況診斷」所推導的判斷，以關鍵議題的形式找企業的品牌經理（台灣傳產企業通常未設）、市場行銷主管、業務主管，召開「多方會診」的緊急會議，一則借助多方立場確認該議題是否實際發生？二則要求多方開始蒐集市場資訊，以研判議題的嚴重性。

確認與研判需要時間，通常從診斷中發現症狀、推導出初判議題，到會診確認議題，時長通常不超過五個工作天。經多方會診後，若有六、七成把握，會先斷定議題成立，直接視為品牌危機，展開後續作業。舉例，2021 年開賣的 Covid-19 防疫保單，一開始是以清零政策為基準設計而成，理賠風險低。未料到 2022 年第二季，防疫政策不變，染疫人數暴增，導致理賠金額遠超預估，其後屢傳保險業者試圖用技術手段降低理賠損失，引起金管機構關切，更引發社會大眾的負向印象。對保險業者而言，這不僅是短中期的經營問題，而是關乎信任感的長期品牌關鍵議題。幸好，業者在考慮如何因應理賠問題時，並未忘記品牌信任感的誠信議題，及時抑制負面聲量，阻擋負向印象堆疊。雖然超額理賠傷到一時的經營體質，卻可安然渡過品牌危機。

6. 品牌協作

　　品牌既然是投資，就不能養在那裡不做事。第三項「品牌力評鑑」可以了解它的整體狀態，如同人的健康指標，像是血壓、血糖、三酸甘油脂、發炎指數、體脂率、肌耐力、骨質密度……但是健康狀態維持得好，並不等於適合參加鐵人三項。

　　品牌力評鑑呈現的狀態可說明品牌是否妥善，然而實際表現還得根據既有實戰經驗來評估，這個經驗值就是「協作能力」。協作能力有三個領域，包含「企業經營」、「產品行銷」和「傳播溝通」，評估這三個領域時，都需要援引實例。分析結果可探知品牌能否勝任下一場協作戰？並據以強化品牌力評鑑的各個單項。

7. 品牌展望

　　品牌展望必須得到企業內部的充分配合才能做得好，前提是完整掌握一年內的企業經營目標、產品更迭構想、市場行銷計畫等，然後從品牌協作角度來思索如何調整品牌力？如何分配預算投入？由於牽涉到企業的未來規劃或佈局盤算，主事者不見得樂於分享心中真實的想法。

　　我自己在這個項目上常碰到困難，在沒有根據的情況下，我的「執業」道德不允許瞎猜，只好以「無從推判」四字帶過。例如許多年之前，我服務過一家日用百貨製造銷售業者，在董事會

持股超過八成的大股東家族成員，對是否西進大陸爭辯多年，無論外界如何好奇追問動向，始終諱莫如深，但從企業投注於品牌與行銷的預算逐年下降，大概可略窺方向。而我每年年終提給該企業的品牌策略，連續幾年將西進設廠、移轉高成本產線、品牌預作進入新市場等列入展望評估。料想不到的是，原來家族成員私下早已取得默契，經由第三方併購一家越南日用百貨廠，為轉進中南半島做準備。台灣則是全面停止生產製造、大量解雇作業員、原有廠房出租、總公司轉型為研發中心。幾年來施做的品牌工程，以及二代接班人打造消費品牌的夢，一夕化作鏡花水月。

在消息公開後的季度檢討會議上，總經理拍了拍我的肩膀，「你做的西進展望應該仍然有用，西跟西南，差不多嘛。」

我只能苦笑回答，「多一個南，很難喔！」

8. 品牌需求

品牌策略架構模板的最後一項，是為了落實「品牌展望」，確立品牌內外在資產的優先順位調配以及所需資源與支援。換個說法，也就是「質形力」的執行指導綱要。

以上品牌策略架構的基本模板，雖然僅八個項目，但你看了說明應該知道這八項都是無法一蹴可及的，難怪承接企業品牌案的人，寧可把品牌切成零碎的事務，分包承做，避開耗時費力的策略工作，不願為品牌宏觀謀劃、打通任督二脈。

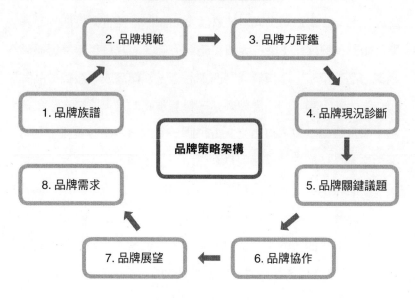

圖 5 品牌策略架構模板

做品牌的第五步：品牌力評鑑

品牌策略架構中的第三項「品牌力評鑑」，是重中之重，考驗你是否理解品牌的相關知識。大多數人在對品牌缺乏理解的情況下，只能在一些表淺的項目打轉，如知名度、定位、個性、願景、核心價值……等，難以深入剖析品牌實力。

我在圖 6 列出十個品牌力評鑑的項目，除了「品牌力總結」是以論述形式呈現之外，其餘分項均已在前面講解過，照著這十項評鑑做，至少不會出錯，剩下就是執行經驗的問題。

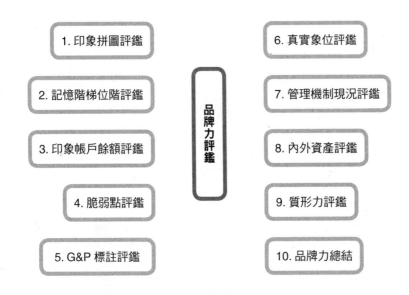

圖6　品牌力評鑑項目

1. 印象拼圖評鑑

2. 記憶階梯位階評鑑

3. 印象帳戶餘額評鑑

4. 脆弱點評鑑

5. G&P 標註評鑑

品牌力評鑑

6. 真實象位評鑑

7. 管理機制現況評鑑

8. 內外資產評鑑

9. 質形力評鑑

10. 品牌力總結

　　記得，從這本書看到的，都是你做品牌的本錢；從實戰學到的，都是你做品牌的本事！

即學即用

1. 回想看看，你過去半年所做的行銷和品牌決策，到底是決定還是決策？
2. 等下一個品牌任務來臨時，開始運用八項架構模板來發展品牌策略。
3. 你的品牌有多久沒做評鑑了？即刻進行完整的品牌力評鑑。

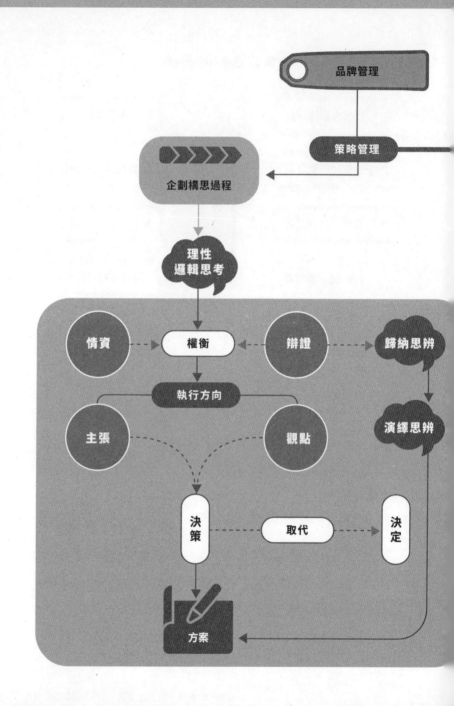

品牌觀念流程圖 8
按部就班構思品牌策略

策略是一個邏輯嚴謹的思辨過程。套用策略推衍的基本架構模板,學習做決策,而非僅僅做決定。

品牌策略架構模板

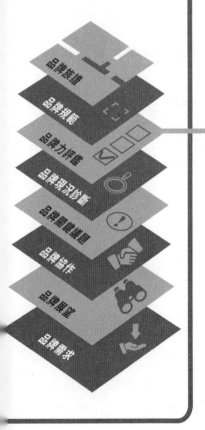

1. 印象拼圖評鑑
2. 記憶階梯位階評鑑
3. 印象帳戶餘額評鑑
4. 脆弱點評鑑
5. G&P標註評鑑
6. 真實象位評鑑
7. 管理機制現況評鑑
8. 內外在資產評鑑
9. 質形力評鑑
10. 品牌力總結

A 企業

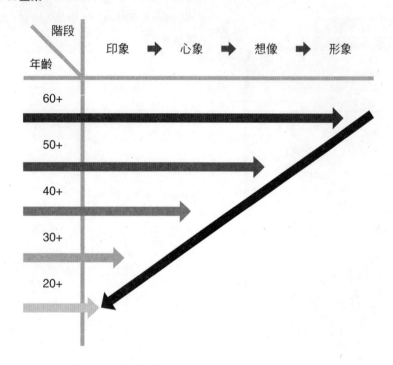

以 A 企業某個人清潔用品為例。

顯示該品牌使用者（二十至六十歲以上）以及使用兼購買者（四十至六十歲）對品牌的真實象位認知。當年齡層愈低，象位位階也愈低，可視為「品牌形象老化」的重要表徵，不利未來市場競爭，宜設法增加在年輕族群的品牌印象（品牌呈現）投射。

附圖 2：品牌再造計畫作業流程圖

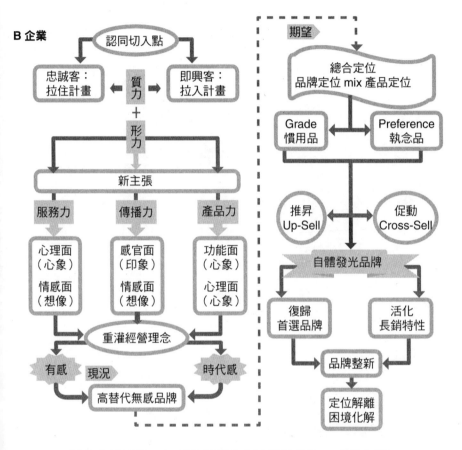

以某成長停滯、有衰退疑慮的生活用品品牌 B 企業為例。

建議該企業品牌再造，以符合現有的消費者 A&U 和市場生態。為協助企業經營層理解再造全貌，並提供品牌責任人（該企業並無品牌經理）可直接上手的作業藍圖，以流程圖方式標明工作順序與各節點之間的關鍵任務。

附圖 3：品牌重定位的進階版矩陣分析

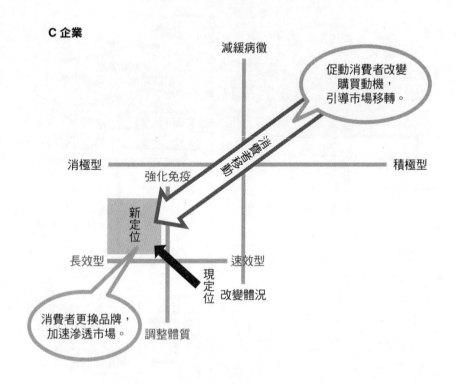

以 C 企業某消費型健康事業品牌為例。

該品牌與競爭者相互拉鋸，在市場競逐中消耗大量企業資源，亟需尋求突破。提議以「品牌重定位」來帶動行銷轉向。有別於一般矩陣分析的侷限性，我自行研究的進階版矩陣分析是運用市場區隔原理，在既有象限中再行細分出新象限，重新替品牌找出新定位。

附圖 4：市佔與心佔演化進程

C 企業

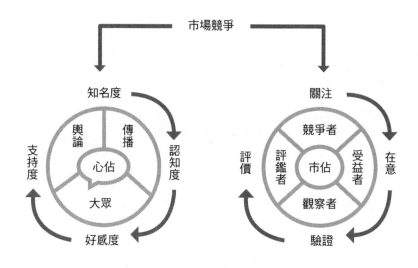

以 C 企業某消費型健康事業品牌為例。

為避免 C 企業對重定位後的品牌發展抱持速效的不實際期望，特別拆解市佔率和心佔率的演化進程，表明並非一蹴可及，而是必須藉由對象（市佔）或載體（心佔），逐步攻克。

台灣企業多的是急於用小投資在短時間之內博取大獲益，吃緊弄破碗，真的很令人傷腦筋。

附圖 5：連動關係路徑圖

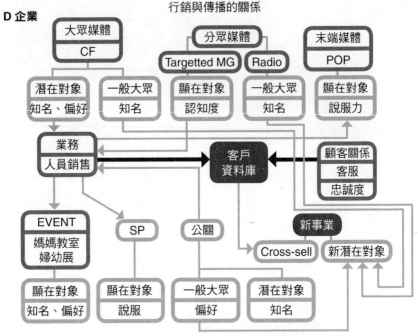

行銷與傳播的關係

以 D 企業某生技消費品牌的年度傳播策略案為例。

一般而言，企業的協力單位普遍缺乏整合意識，導致在執行時因本位主義而無法跟企業內部共事合作，彼此扞格，耗損戰力。我會以邏輯思考來串連傳播與行銷的重要項目，確保兩個領域的連動互通，資源順暢流動。而且，在設計路徑時，如果有任何項目難以融入連動關係，代表規劃有欠周延，應立即調整。

用「連動關係路徑圖」來保障企業投注於傳播的成本效益，而不僅單純考慮成本效率，值得企業參考運用。

附圖 6：安索夫（Ansoff Matrix）矩陣分析

E 企業

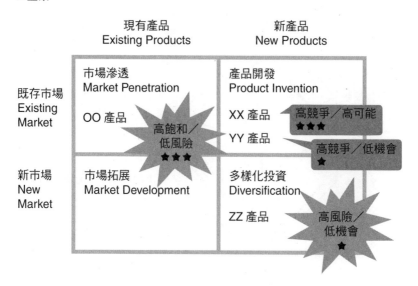

以 E 企業某嗜好性飲料為例。

安索夫矩陣是依據產品和市場的各兩種型態，產生出四種對應關係，標定產品在市場中的可能樣態，有助於擬定競爭策略。

由於某嗜好性飲料長年疏於品牌管理，衍生過多副品牌與子品牌，各品牌之間的位置混亂、位階參差、企業資源分散。透過全品牌檢視，從品牌族譜、品牌力評鑑到品牌現況診斷，理出品牌關鍵議題，作為第一階段策略，進而在第二階段，提出品牌協作、品牌展望、品牌需求。

附圖 7：雷達圖（Radar Chart）

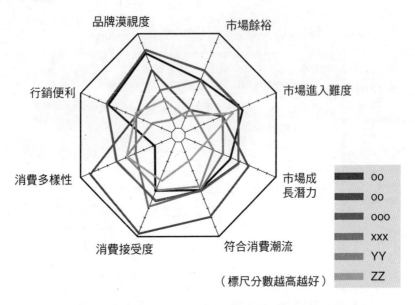

F 企業

品牌漠視度
市場餘裕
市場進入難度
市場成長潛力
符合消費潮流
消費接受度
消費多樣性
行銷便利

OO
OO
OOO
XXX
YY
ZZ

（標尺分數越高越好）

以 F 企業某嗜好性飲料為例。

雷達圖早在十九世紀末就已發展出來，一直是好用的工具。外圍的變數可隨需要增減數量，所有變數必須為同一個探討目的而存在，否則變數間的彼此互比就沒有意義，還會造成結果偏誤。

我將幾個副品牌和子品牌做互比，各品牌構成的不規則連結線，彼此套疊，互見消長，優劣立現，呈現相關性和差異性，可據以判斷各品牌的續存價值，並當做調整市場區隔的參考。

附圖 8：品牌生涯發展預估

G 企業

進程	時期	戰略重點	戰術重點	目標
第一年	強勢 導入期	強力區隔 出市場	通路戰	業界 第一品牌
第二年	優勢 建立期	消費者 忠誠度	定位戰	消費者 心目中的 第一品牌
第三年	均勢 破壞期	多品牌 競爭	資源戰	護衛王座
第四年	大勢 抵定期	放大品牌 影響力	通路戰	創造最大 邊際利潤

以 G 企業（中型消費性電子產品製造商）為例。

該企業希望繼幾個成功的產品之後，推出新產品，並以子品牌規格打入移動工具市場。

新的子品牌建基於母品牌既有行銷優勢上，擁有強勢進入區隔市場的實力。在擬定行銷與傳播策略時，著重在從市場攻略角度操作品牌發展，用行銷（Marketing）帶動品牌化（Branding），完成商品化（Commodification）。概念詳述於第十一章。

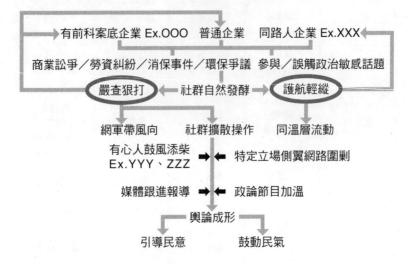

附圖 9：政治風險脈絡分析

H 企業

政治曝險的引爆模式

有前科案底企業 Ex.OOO　普通企業　同路人企業 Ex.XXX

商業訟爭／勞資糾紛／消保事件／環保爭議　參與／誤觸政治敏感話題

嚴查狠打　←　社群自然發酵　→　護航輕縱

網軍帶風向　社群擴散操作　同溫層流動

有心人鼓風添柴
Ex.YYY、ZZZ　➡◀　特定立場側翼網路圍剿

媒體跟進報導　➡◀　政論節目加溫

輿論成形

引導民意　　　鼓動民氣

　　以在中國大陸高額投資的女性消費品牌 H 企業為例。

　　因擔心受到兩岸敵視情緒增高的波及，會傷及母企業，預先籌謀政治風險管理的策略構思。在試圖梳理錯綜複雜的情境時，與其用文字表述，不如用圖表來得清晰易懂。

　　在充分理解品牌所處情勢和處境後，用「類別歸納法」理出頭緒，歸併整理各種因素，並理出其脈絡，以前後串接的方式整體呈現，一目了然。使用脈絡分析的前提為，夠強的邏輯組織能力，以及能通透掌握情境因素。

附圖 10：手段與目的引導流程

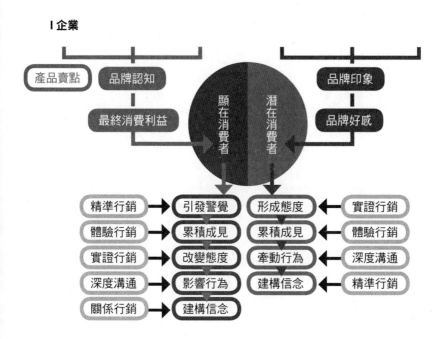

以 I 企業某保健食品品牌為例。

　　該品牌跨虛實平台行銷，但需進一步明確劃分幾種行銷手段之間的關係，以便精確估算各個手段的投資報酬率。策略的功用在於明確劃分各種行銷手段的目的，同時評估各個手段介入時機的合理性以及產出效益。

　　本圖僅擷取其中一小段，主要呈現各個手段跟預期目的之間的關係，以流程方式引導觀者迅速了解全貌。

附圖11：傳播內容總合成效分析

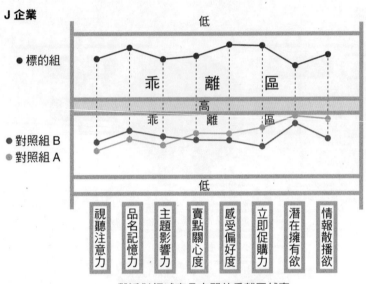

J 企業

低

● 標的組

乖　離　區

高
乖　離　區

● 對照組 B
● 對照組 A

低

| 視聽注意力 | 品名記憶力 | 主題影響力 | 賣點關心度 | 感受偏好度 | 立即促購力 | 潛在擁有欲 | 情報散播欲 |

與近似領域商品之間的乖離區越寬，
行銷阻力越大，推廣的成本效益越低。

以 J 企業某家電品牌為例。

這是我自創的策略構思零件，細部拆解傳播內容為八種效度，在以調查數據為本的前提下，可藉此呈現本產品（標的組）發送的傳播內容跟同類產品（對照組）的傳播內容，在各種效度上的比值差距。

各個效度連成折曲線，標的組折曲線與對照組折曲線所圍成的乖離區愈大，代表標的產品傳播內容的成本效益愈低。

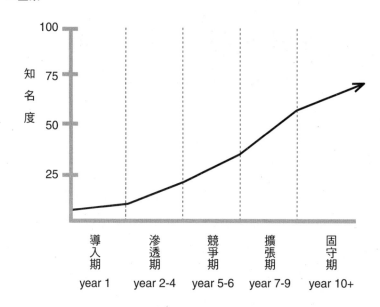

附圖 12：產品知名度週期

K 企業

原型出自產品生命週期（Product Life-Cycle），可管理產品進入市場後的發展狀態，一般用來預設新產品或檢視現有產品。

我將之彈性運用，增加其適用性，如縱軸標定為產品知名度的增幅，可預設或呈現產品知名度各發展期的變化。

以上十二個策略工具提供給你，但有心學習者宜善加改進翻新，不要故步自封、囫圇吞棗。視需要加上適合當代市場環境的因素，延長其使用壽命，這些工具就能成為你構思策略的零件。

---------- Chapter 9 ----------
品牌的第九個重要觀念

品牌的路是人為建構的，
不是自己走出來的

　　七、八年前，我接下一個新成立的本土女性用品品牌傳播案。該公司由家族成員組成，幾乎所有專業都欠缺，想切進紅到紫爆的女性用品紅海，勢必要在各方面打好基礎，大到品牌策略、行銷計畫，小到產品說明，該打的行銷基樁一支也不能少。

　　如果急功近利，以為無須鋪墊那些既花錢又耗時的墊腳石，就可以水上漂般地直攻銷售，根本暴虎馮河，勢必溺水。放眼望去，能在女性用品市場佔得一席之地的品牌，哪個不是戰戰兢兢踩著一塊一塊的墊腳石走過紅海的？

　　案子執行到一半，該公司聽信「行銷禿鷹」天花亂墜的說詞，天真地相信禿鷹能夠將尚未打好基樁的產品鋪進對岸的零售通路。試想，要送一個還在保溫箱裡、連眼睛都還沒睜開、發育不全的嶄新品牌，到完全陌生、深不可測的陌生紅海市場，結局

如何，大家應該可想而知。

品牌，該用走的，就不能用跑的

長期觀察台灣品牌，尤其是新創品牌的發展狀況，發現台灣不乏雄心勃勃的創業者，他們的特性是「快狠準」：行銷決策快、競逐企圖狠、商機抓得準。但一碰到花錢耗時的硬道理，馬上顯現「急吝巧」的心性：急於成功，吝於花錢，巧於投機。

快狠準幫助他們開創並切入市場，看來勢頭可期，但是憑實力跟競品對戰時，卻因為急吝巧而沒有鋪墊「墊腳石」，成為品牌存活最大的「絆腳石」。要知道，拉拔一個新品牌有一定的程序與方法，要投注足夠的時間與金錢。

是的，這是一場資源消耗戰，小打小鬧成不了事，別期待奇蹟發生，更別相信救世主降臨。你看幾本書，如果選對書的話，還可學到正確觀念；你聘幾位顧問，如果聘到有料又有良心的話，還能得到正確導引；你招徠人才，如果招到千里馬的話，還會勇於任事。但不管你做了多少正確的事，成敗永遠決定於投注時間和金錢資源的多寡。

說實在話，想出一個品牌命名十分鐘，構思一個品牌概念十小時，發想一套品牌識別十星期，企劃一個品牌策略十個月，養成一個品牌呢？你認為要多久？十年不算長啊。有特效藥嗎？可

以打生長激素嗎？沒有就是沒有。有人跟你說他有辦法在短時間內，讓品牌從弱雞變哥吉拉，那絕對是癡人說夢。

我在第四章說得很明白：「企業做的所有事，都是品牌的事。」那些直接花在養成品牌上的資源，從品牌策略到識別系統都要花錢，所有花在行銷上的資源也都要算一份在品牌上。我的意思是，你在所有方面投注資源時，都必須考慮品牌的需求，如果把花在建構品牌的直接和間接成本計算進來，你還會認為養成品牌無須花什麼資源、讓它自然成長就行了嗎？

品牌是靠人拉拔的，不會自己長大

孟母為什麼要頻頻搬家？她閒著沒事嗎？我認為孟母堪稱打造品牌的先驅，她絕對不允許兒子在環境中自然長大，然後帶著環境的薰陶成為另一個平庸渾噩的市井小民。孟母指望孩子成材，深知要怎麼收獲、先那麼栽的道理，三番兩次把孟子這棵小苗從小瓦盆移植到大陶罐，施肥澆灌，用人為方法捏塑小孟，終於養成「子」字輩的大才。

以後再有人拍胸脯保證說，可以替你的品牌打生長激素，你要想起孟母三遷的教訓。問那人三個問題。

第一問：「你知道品牌可以走的成長之路有幾條？」

第二問：「你要帶我的品牌走哪一條成長之路？」

第三問：「你如何判斷我的品牌適合走哪一條成長之路？」

我會在本章告訴你品牌養成之道。但知道不等於會做，前提是你願意挹注資源。因為沒有三遷，就沒有孟子；沒有資源，就沒有品牌。

我在前幾章說明了品牌管理三件事中的 A 資產與 S 策略，現在就要來講第三件事——C 品牌建構。建構的用詞比較學理，換個說法就是，品牌養成之道。

養品牌有許多大同小異或異同參半的方法，取其同而避其異，我歸結出幾個普遍適用且證明有用的方法，無論選擇哪一條養成之道，關鍵仍在：「企業做的所有事，都是品牌的事。」

鼎泰豐的成就，無需我再錦上添花，但我欽佩一點，它全球將近一百五十間分店，只有香港分店曾經榮獲一次米其林一星評價，可是掌門人不改初衷，不為了獲得星星而更改經營之道，始終如初地貫徹落實擇定的道路，向消費者負責，而非向米其林靠攏。要忍受業界訕笑它摘不到星星，也要將顧客對摘不到星的疑惑轉為對用餐體驗的肯定，著實不簡單。它做到了，做到帶著品牌走在一條擇定的養成之道上，做到投注龐大資源養成品牌，做到拒絕米其林標準的誘惑而能超越米其林。我沒有過譽，我跟它也沒有任何瓜葛，但是作為一個我十幾年來長期關注的研究個案，在品牌建構領域，鼎泰豐堪稱典範。

高度重視人員管理的鼎泰豐，知道產品品質進步有其極限，

招牌的小籠包精做到那個地步，再往上還能有多少空間？一碗雞湯，除非突破消費者能接受的價格區間，要怎麼再求精進？當它連調味的鹽巴都計較到放棄台產食鹽、改用更貴的進口鹽，只為了極少數行家挑剔的舌頭才能嚐出的細微差異，它在產品上的努力已到極致，如果繼續固執於推進產品品質，不符成本效益。因此它擴大了「品質」一詞的定義，在服務品質上力求完美外，還把關注重點放在員工品質身上。

鼎泰豐分店的多位主管每天要進行各自的「客訴報告」，服務人員要上五花八門的待客課程，包括學習如何微笑、如何發音，連擦一張小方桌或一面玻璃都有好幾個拆解的步驟。可以說，它寧可把顧客服務做到近乎歇斯底里，也不願把品牌聲譽全部押在產品上，這是很有遠見的做法。不僅如此，當它定義的品質進一步涵蓋了員工，提供高於業界平均水準的薪資福利、在職訓練、升遷制度，讓它創造出 2% 的超低離職率，代價是它的人事成本超過營業額的 50%。

投注於育成員工的成本，加上穩定的產品品質，的確沒有浪費，它的雙位數翻桌率，是追求廣義品質的最好回報。在我看來，鼎泰豐將關注焦點從產品擴及員工，形同把員工視為一項主力產品，顧客在餐廳用餐，好像點了雙主菜，一道是小籠包配蛋炒飯，另一道是服務人員誠懇細膩的服務態度。這可以解釋為什麼有些人覺得它的外帶味道似乎略遜於內用，因為除了食物溫

度，外帶無法帶走那些誠懇細膩的服務嘛。

能把顧客用餐體驗做到這樣，經營者花重本實施人員管理，居功甚偉。掌門人楊紀華說：「人，是最基本的。」多麼老生常談的一句話，多麼被濫用到意義貶值的一句話，卻是多麼至關緊要的一句話。大家可能直覺認為他指的人是「消費者」，但我相信他指的是「自己人」跟「客人」這兩層意思，這兩種人一推一拉，用員工、也就是自己人的服務拉住客人，再憑客人的好口碑推動行銷。

所有發生在鼎泰豐的事，全是人為操作的結果，全是投資換來的，毫無僥倖成份，它具體實踐了「所有事都是品牌的事」，它花數十年養成品牌，讓成材的品牌回報養育之恩。

鼎泰豐的品牌養成之道，根據我自創的分類法，屬於「理性認同」式的建構通道。因為服務人員已被定義成一項產品了，在一般餐廳的抽象服務，到了鼎泰豐升級為有形有感的服務人員，所以顧客不再把「虛的服務」當做附加價值來評價，而歸於「實的產品」，也就是上段所說的享用了「雙主菜」。

實際在評價消費體驗時，方程式的分子是「產品＋服務人員」，分母是「價格」，所得的比值當然超過普通用餐體驗，讓顧客有物超所值的感受。

但也因此，我要順便提醒鼎泰豐，注意外送餐點無法送出服務人員細膩的服務態度，會導致消費體驗產生落差，使得評價方

程式分子數值下降，連帶影響消費者的品牌印象認知一致性。

鼎泰豐的品牌養成之道偏重理性，主要在於讓顧客在「功能欲求」方面得到超乎預期的滿足。然而，不可否認的，它在觸動人心的情感面（心理與社群欲求，後面會詳述）經營不足，難免留下遺憾。其實這也無可厚非，企業能夠數十年堅持穩健走在同一條養成之道，已經很不容易，要兼顧兩條路，不致顧此失彼，談何容易。但要提醒的是，若要預先儲備十年後的競爭優勢，理性認同有其支撐品牌力的極限，不可不知。

品牌養成計

我來用四層樓架構再解釋一下鼎泰豐的品牌養成之道。

在鼎泰豐，服務不再是抽象的，服務人員也是一項產品，足以滿足顧客的功能欲求，構築出「理性認同」通道，源源不斷的供給消費者「超乎預期的用餐體驗」的印象，經長期堆疊，成為認知狀態一致性高、意識殘留沉潛度深的心象，再藉由引小臆大的想像催化，形成穩固的品牌形象。

鼎泰豐的品牌養成之道不見得適用於其它餐飲品牌，業態差異、經營心態、主事者偏好、企業文化、人力素質、管理風格，以及最實際的預算投入，導致每個企業選擇的路不同，有些乾脆選擇放牛吃草，讓品牌自然發展，不人為操作，反正產品做得起

來，品牌就做得起來，不是嗎？

是也不是。既然所有事都是品牌的事，做產品不就形同做品牌？問題出在本位主義。產品經理只管產品研發產製與定價，業務經理只管通路鋪貨與配銷，傳播經理只管訊息內容與媒體效率，各管各的，結果產品在市場孤軍奮戰，有矛卻沒有品牌的盾當後援，跟人家有矛又有盾的競品對戰，產品力必顯疲態。

替品牌找路，等於替產品、業務、傳播……所有這些各自為政的力量找路，糾集大家走在同一條路上，互相掩護。我時時提醒企業，做品牌的好處很多，其中包括替企業整隊，把分散在幾個散兵坑的士兵整合起來，成班成排成團隊戰力，為達成共同目標挺進，在養成品牌的同時，順便解決了公司治理的部份困擾。

透過做品牌來替企業整隊的概念，特別適用在後發品牌、弱勢品牌或競爭力相對低的中小企業。主要原因是沒有成功的既定模式制約，敢改、敢變、敢突破，不必擔心萬一統合了矛與盾，但矛卻鈍了，誰扛責？

大家都知道大企業轉身不易，好幾條道路平行前進，明明折損戰力，但誰也不敢為了品牌養成之道而出面要求整隊，這就叫尾大不掉。所以每當有大企業提出品牌顧問服務邀請，我腦中的警報器都會嗡嗡作響，過往經驗提醒我，大企業的一切轉型計畫，品牌轉型也好，數位轉型也好，綠色轉型也好，好像一台行駛在窄巷的大巴士，離兩邊僅有數公分，無法迴旋，難以轉身，

往往唯有悲情地一路向前。

　　如果你是後發者、弱勢者，或市場大咖不看在眼裡的小透明，起碼要慶幸轉身容易、整隊順利，何不趁勢拚品牌？

　　舉個例子，你多久會光顧一次萊爾富便利超商？以統一7-Eleven與全家這兩大咖密集的程度，在夾縫中求存的老三，活得應該很辛苦吧？實則不然。台灣本土創立、光泉集團擁有的萊爾富，很自覺地避開大力展店的品牌擴張模式（這是另一個建構品牌的通道，後面詳述），不跟老大老二爭風吃醋，很明確地選擇走上創新研發的路子。因為小，所以敢嘗試；因為小，所以不怕嘗試錯誤，因為小，所以也不擔心自己嘗試成功的點子被老大老二套用。它要用創新點子說服消費者，值得繼續光顧萊爾富，而不是多拐個彎繞去找老大老二。

　　體貼的咖啡寄杯、販售冷凍年菜、好用的多功能機台，是它想的；就連店內設座位，也是它想的。這些具有開創性的點子，源自萊爾富，卻在老大老二那裡發揚光大。它不在乎，它更在乎顧客感受，顧客在門市體驗到的創新點子，會持續供給顧客良好的印象，支撐住它的形象。萊爾富為養成品牌構築的通道，在我的分類中叫做「差異化特色」，給予消費者一種「萊爾富雖然小，但不比小七和全家差，既然就在旁邊，我何必多走一段去其它家」的印象，幫助它在兩強夾擊下仍然穩定成長。

圖7　行銷的定義

（圖中文字：行銷、標的業者、消費者、市場 Market、競爭者）

品牌要建構在什麼基礎上？

先破題。既然「印心想形」的發生地點在人心，品牌當然要建構在消費者的基礎上。以前我在講述行銷的時候，會強調用英文原文理解行銷比較進入狀況。

中文的「市場」和「行銷」似乎是兩個不同概念，但從英文理解，其實來自同一個概念：Market，**市場**；Marketing，**行銷**。

從原文理解，行銷就是設法讓市場依照業者期望的方式運轉起來。而市場的順利運轉，如圖7中來自三個元素的共同作用：

消費者、競爭者、標的業者。例如剛剛舉過了超商的例子，萊爾富在進行策略推演時，要把自己定為標的業者，7-Eleven 和全家定為競爭者。至於消費者就複雜了，除了傳統認知的核心顧客、潛在顧客等區分方法，新時代的區分方法有很大不同。

以後有人問你行銷是什麼？用我的方法解釋給他聽，比學理易懂好記。

剛剛說消費者變複雜了，主要是指身份隨著網路革命趨於多樣化。以前的消費者有三個分身，分別是購買者（Buyer）、使用者（User）、影響者（Influencer），例如兒童夏令營門票的購買者是母親，使用者是兒女，影響者是老師。

消費者身份解剖得愈細，愈有辦法鎖定他們的心理洞察（Insight），並據以構思改變其消費態度與購買行為的策略。如今談到消費者，你至少要掌握住他們的六種分身：Buyer、User、Influencer 不變，多出來的三種分身分別是：評價者（Evaluator）、分享者（Sharer）、經銷者（Distributor），詳見圖 8。

承接兒童夏令營的例子，購買者的母親以及使用者的兒女，都可能會透過人際管道與網路社群，對該夏令營產品做出評價，他們就是「評價者」。擁有意見領袖傾向的人所做出的評價，會在人際管道與網路社群廣為傳散，他們就成了「分享者」。在某些特定條件下，他們還可以用團購或業配等型式參與產品販售，成為「經銷者」。企業需特別關注「有評價習慣的積極分享者」，

圖8 消費者的六種分身

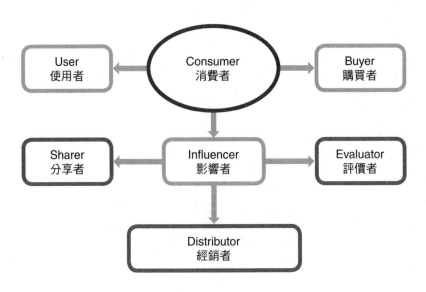

這些評價訊息可能經過無遠弗屆的分享傳散造成殺傷力,而且消費者的六種身份仍在改變中,有可能衍生出更多分身,帶給企業重大挑戰。

建構方法論的立論基礎

我的品牌建構方法論,是建立在我對消費者多重身份的認識上,立論時援引「激進經濟學派」(Radical Economics)於 1966 年提出的重要論述——「經濟剩餘理論」(Theory of Economic

Surplus）。簡單講，資本主義下的經濟活動所產生的產品售價，減掉生產成本後所得到的差額，其中有部分可視為資本社會與資本家所獲取的超額報酬。相對於正統經濟學派（Orthodox Economics），此理論帶有社會主義色彩，雖然並非主流，但其中超額報酬的概念，引起我極大的興趣，並引發我架構思考框架的靈感。

讓我跳離經濟學論述，導入正題。我從經濟剩餘理論抽出其中的消費者剩餘（Consumer Surplus）論述，做為品牌建構方法論的新支持點。同樣簡單解釋，消費者在購買產品時，所認為應該支付給該產品的金額（應付成本），減去實際支付給該產品的金額（實支成本），所得出的數值就是消費者能夠享有的剩餘利益。例如，鼎泰豐的顧客在用餐時，還能同時享有提供細膩誠懇服務的服務人員這項「產品」，形同享用雙主餐。當得自「服務人員」的享受加上「餐點」的享受，超過顧客為這一餐支付的成本，就代表鼎泰豐是個有能力製造「消費者剩餘」的品牌。

鼎泰豐的消費者剩餘主要是滿足顧客的功能欲求，構築出建構品牌的「理性認同」通道。消費者剩餘除了滿足「功能欲求」之外，還能滿足「心理欲求」與「社群欲求」。

不過，就像鼎泰豐竭盡所能也只有辦法做好滿足「功能欲求」這一項目，企業想同時提供顧客功能、心理、社群這三種欲求滿足，非常非常難，十分罕見。有些人看到這裡會說，iPhone

不就做到了嗎？沒錯，iPhone 確實讓顧客高度滿意它的性能表現，並能投射心理象徵意義給使用者，又能取得使用者的社群同儕認可。但別忘了，消費者剩餘的估算必須減去支付的成本，以iPhone 售價之高，所獲取的三種欲求滿足跟售價相抵，還會有多少剩餘？關鍵點在「剩餘」！

　　競品之間互相比較，誰的剩餘多，誰在消費者心中的品牌印象就更好。又如你去五星級酒店吃小籠包，可同時滿足功能與心理欲求，並少部份填補社群欲求（如在臉書發布貼文），然而成本所費不貲，比起去鼎泰豐僅能滿足功能欲求，去五星級酒店看似有優勢，卻輸在「消費者剩餘」上。

　　功能、心理、社群欲求的滿足狀態，可用來逆向歸結出品牌在消費者心中投送的印象類別，如果夠集中、夠持續，即可推估該企業擁有建構品牌的通道，而且即使企業自己沒有意識到通道的存在，只要操作行銷、管理、治理等等的方法正確，企業意不意識到通道的存在，並不影響通道的效果。

　　實務上，有些企業是有意識地在操作通道，但有更多企業渾然不覺通道的存在。為了讓品牌持續穩健地走在適合的養成之道，我建議企業還是應該及早確定通道、評估通道、調整通道。我將通道分成六類，後面再詳加解釋，現在先來補充說明消費者剩餘的三個欲求。

　　如圖 9 所示，年輕族群選擇汽水的消費者剩餘比較。黑松汽

圖 9　消費者剩餘比較（ Ex. 年輕族群的汽水消費行為 ）

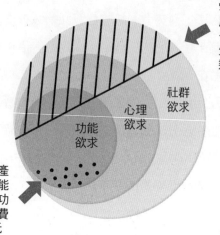

雪碧的產品效
用，較能滿足
多層欲求，產
生較多消費者
剩餘

社群
欲求

心理
欲求

功能
欲求

黑松汽水的產
品效用，只能
滿足基本的功
能欲求，消費
者剩餘相對低

水在滿足年輕族群「功能欲求」的剩餘上，跟雪碧相差無幾，但
年輕人從黑松汽水無法取得「心理欲求」的滿足，幾乎沒有剩
餘，因為對他們來說那是長輩喝的飲料。那麼黑松汽水的「社群
欲求」呢？不僅沒有剩餘，甚至是負數，因為對年輕族群來說喝
黑松汽水可能要冒著遭到同儕異樣眼光的風險。反之，雪碧能創
造的心理與社群欲求剩餘，比功能欲求的剩餘還要高。

　　無疑地，雪碧在年輕族群的消費剩餘，順利打開建構品牌印
象的操作通道。而在年輕群族市場吃癟的黑松汽水，轉移到特殊
通路如餐廳、特別場合如喜宴，滿足了功能欲求以及少許的心理

欲求（中年消費者的懷舊感），因而可產生出消費者剩餘。這個例子提示你在規劃品牌建構時，欲求滿足的剩餘計算要以「主力消費者」為準，通道要為「核心顧客」而設計，不必也不可能用一個通道擷取所有人。

切記，走過資產盤整與策略企劃的辛苦過程，品牌管理來到最後、也是見真章的建構階段。要建構一個強而有力、久而彌堅的品牌，由盤整、規劃到建構，悉數歸屬人為操作，再怎麼不上心，也別放生品牌，假裝它可以自行光合作用或無性生殖，讓它在企業中得不到應有的尊重和應受的對待。

操作剩餘不慎，小心通道崩塌

我把較常使用的幾個建構通道教給你，但俗話說「師父領進門，修為在個人」，養成之道可以教，消費者剩餘可得你自己創造並累積。同時我也要再次強調，消費者剩餘這件事做不好，即使通道在，傳送的印象卻可能適得其反，後座力不容小覷。

例如 2022 年中因為縣市長選舉爆出的市長參選人論文抄襲事件，引發輿論質疑大學碩士在職專班的學位成色不足。事實上，冰凍三尺非一日之寒，當初教育部准設 EMBA 或碩專班的立意，在於提供在職人士進修管道，習得有助於事業或企業經營的多方知識以回饋職場，可是在視學歷如顏面的華人地區，許多人攻讀

EMBA 和碩專班的目的卻是純粹取得碩士學位。

　　動機或目的決定了學習態度，只求學位、不求學問，會用心唸書嗎？會專心研究嗎？會花一兩年折磨自己撰寫論文嗎？坦白說，憑我以兼任教師身份在碩專班授課好幾年的親身經驗，我教過不少求學動機純正的學生，他們的碩士學歷純金真鑽，充分吻合專班設立初衷，但也有不少學生連大學部的基本知識都付之闕如，課堂報告也用牛頭不對馬嘴的公司業務提案混充，最後卻還是順利取得碩士學位，如此這般的學歷大放送，難怪輿論要質疑碩專學位的成色不足。

　　說這麼多背景，是要舉例讓你知道建構品牌的時候，一念之差如何毀掉品牌，並且不只毀掉單一的品牌，而是毀掉整個產業的品牌。大學碩專班就是高等教育轄下的一個品牌，層出不窮的負面消息轉化成負向印象，覆蓋掉之前累積的正向印象，使得心象產生質變，同時激發社會大眾的不良想像，逐步摧毀碩專的品牌形象。

　　部份大學放水，讓攻讀碩專學位變得輕鬆寫意，表面上提供了高度的消費者剩餘──包括高度的功能欲求滿足（不必拚命攻讀，省時省力）和局部的心理欲求滿足（從以為不好唸到原來這麼好唸，心中快樂無比），這是因為部份大學在經營碩專班品牌時的扭曲操作，明顯錯用了「擴張」的建構通道。

　　「擴張」，本來就是接下來要說的六種建構通道中的一種，若

操作得當，可讓品牌印象快速滲透，這不是問題。問題出在某些大學所操作的屬於負面剩餘，滲透愈快、質變愈猛，造成「碩士在職專班」這個共用品牌的整體印象受到損傷。我也在此建議，個別大學最好先重新規劃自己的碩專班品牌策略，並放棄擴張的建構通道，評估採行別種通道的可能性。

再次強調，建構通道何止六種，實操時千萬不可只知其一、不知其二，要舉一反三，依據產業特性及企業體質調整，各自變形出多個因勢利導的版本。不過，到底是要改變企業多一些？或是改變通道多一些？答案一定在你所推演的品牌策略裡，我也奉勸企業在策略備妥前，別碰通道。

做品牌的第六步：慎選建構通道

既然剛舉了碩士在職專班使用擴張通道的例子，就順勢先說第一種「擴張通道」好了。我在說明六種建構通道舉出的例子，都盡量使用同一業種，以便放在同一個市場基準上相互對比。

1. 擴張通道／便利剩餘：小心身體跟不上雙腳

執行擴張通道有兩個前提，一是糧餉俱足，二是兵強馬壯。企業挾市場優勢地位，運用豐厚盈利大舉拓展版圖，強壓競爭對手，提高市場能見度，提昇消費者接觸機會，提供了滿足功能欲

求的「便利剩餘」。假設某銀行大肆增設簡易分行，客人走路十分鐘之內可達，進銀行像進超商般便利，由於享有明顯的便利剩餘，使得客人選擇該銀行往來的可能大增。然而，糧餉俱足還不夠，用糧餉引進的客人，需靠兵強馬壯來留住。如果分行的貸放融通條件平平、服務普普，引進的客人留不住，就等於開挖了通道卻缺乏牢固支撐，那麼這個脆弱的通道反而成為投送差評負訊的管道，企業將得不償失。所以決定使用擴張通道來一場摧枯拉朽的品牌決戰之前，謹記先掂量糧餉俱足之外，是否兵強馬壯。

2011 年以「胖老爹」之名打入外帶連鎖炸雞市場的台灣品牌，標榜現點現炸，確保肉嫩多汁，一時間蔚為風潮。2015 年起該品牌採行低門檻加盟策略、快速展店，加盟金只收五十萬元，其中還包含價值三十萬元的設備費用，而且不收權利金，吸引許多年輕人加盟，幾年下來，街頭到處可見它的身影。

我吃過幾回，有驚喜也有失望，主力產品的口味似乎沒有做到品質標準化。該品牌重押在功能欲求滿足上，一是店多方便，二是口感鮮嫩。「便利剩餘」隨著快速展店而達標，但口感呢？加盟管理作業系統顯然跟不上展店速度，各店口感的落差表現導致功能欲求失掉了來自產品力的核心支撐，使得經由擴張通道提供的品牌印象變得參差不齊，原有顧客為躲避消費風險而減少接觸，因方便產生的便利剩餘也跟著消退。我推測該品牌尚未抵達形象的第四層樓，還在心象層掙扎，有退回印象層的危機。

雖然一旦成功執行擴張通道，並且穩住消費者剩餘在一定水準之上，它的回報驚人，但品牌經理有必要事先評估擴張策略到底是「致勝」的吸引力或「致命」的吸引力？其實，擴張通道更適合經營穩健的企業，卻不怎麼適合新生企業，在確認主事者有堅強意志與實力持續供給充足的糧餉跟兵馬之前，真的要盡量克制對擴張的美好想像，因為不管在市場行銷面或是品牌建構面，雙腳跑得比身體快，絕不是好事！

2. 名氣通道／安全剩餘：過度倚賴會洩氣

　　在行銷和傳播上，名氣是長青樹。名氣就是知名度或知曉度，它之所以有效是因為人類比較相信自己熟悉的事物，行動時會有安全感，因此名氣販賣的其實是熟悉程度。消費者覺得愈熟悉的品牌應該愈安全，換成品牌語言，企業打知名度，換取名氣，讓顧客因熟悉而認為可靠，這種對可靠的相信滿足了心理欲求，降低了購買行為的風險，等於降低了部分支付成本，構成消費者剩餘。換言之，知名度愈高，熟悉度就愈高，購買風險便愈低，消費者剩餘也愈高。

　　名氣通道提供的消費者剩餘，我稱之為「安全剩餘」，這是一種非實質的心理感受，倘若顧客在實際消費時功能欲求無法被滿足，就會令顧客覺得實支成本和應付成本趨近，由名氣撐起的熟悉感泡泡破滅，消費者剩餘勢必滑落。

艋舺雞排因著藝人加入經營團隊，贏得許多免費的電視曝光機會，再加上藝人好友的社群推廣，成功拉抬品牌知名度，在同類品牌林立環伺的市場，迅速建構名氣通道，取得安全剩餘。但是到了 2021 年底，分店數幾乎腰斬，藝人 NONO 也因理念問題退出經營。即使該品牌總部努力到海外展店，並推動異業結合、團購等，試圖重振，但截至目前為止，我還看不出來該品牌有找到別的建構通道。

名氣可以用錢換來，最常用的操作方式是聘請品牌代言人，把代言人的名氣移轉到品牌上，像搭直升機一般，猛然拉高熟悉感，滿足高強度的心理欲求，製造高額的安全剩餘。那麼高的安全剩餘，需要用同樣高的產品表現來滿足功能欲求，否則根本撐不住；不僅撐不住，從高空衰落的下場可想而知。

該品牌趁著消費者安全剩餘尚存局部，盯緊產品品質，在 2020 年設立炸雞研究中心，如果真能用心投資在鑽研炸雞技術上，把技術發展成產品 Know-How，有機會靠硬底子奪回市場。反之倘若這個研究中心只是吸引加盟開店的幌子，就走錯方向了。

3. 情感聯結通道／補償剩餘：有開通條件

人類重感情，多愁善感的人不在少數，當感情投射到物品，就建立起人與物的聯繫，引發超越七種基本情緒的反應，如移情、懷舊、回憶……我統稱之為情感聯結。

情感聯結會讓物品脫離正常的定價機制，在人的心中獲得高於市場估值的溢價，溢價部份等於人從物品得到的心理補償（Compensation），像記錄青春的老照片、舊夾克、破檯燈，母親收藏兒女的手作卡片、爸爸視為傳家寶的兒時公仔……都是用情感聯結提供收藏者的心理欲求滿足，讓人覺得獲得了額外報酬，在溢價和市價之間產生消費者剩餘，我名之為「補償剩餘」。

　　除了限量的經典跑車、大師落款的手工精製機械錶等極為稀有的收藏品以外，日常購買的一般產品原則上沒辦法靠自身功能性產出情感聯結，必須得靠顧客主動發送感情，並投射到產品之上，透過移情、懷舊、回憶等途徑才會建立聯結。

　　所以，光憑產品打造不出品牌的情感聯結通道，必須要有周邊條件的配合，而且先決條件是「時間」。產品和顧客相處的時間要長到足以移情、懷舊、回憶，才打得開通道，如復古書店裝潢刻意仿古，用滿滿地復古元素壓縮產生情感聯結的時間，滿足消費者懷舊、回憶的心理欲求，讓他們認為取得的額外報酬超過在這邊購書的成本。

　　又如復刻七十年代設計的限量版球鞋，吸引追求質樸簡約的文青購買，讓他們在社群欲求得到滿足，從群體認同獲取的額外報酬，超過售價不便宜的購買成本，仍能產出消費者補償剩餘。這兩個例子因擁有特定條件，都可以藉由情感聯結通道來建構各自的品牌。

也就是說，你的品牌如果時間夠長，加上顧客和產品以及產品周邊的相處情況不錯，你可以選擇情感聯結通道。即使是新品牌，若能成功營造產品的周邊氛圍，依舊有可能運用情感聯結通道，而且跟消費者的年齡層關係不大。

以台北市光復南路的蘇阿姨比薩屋為例，創立於 1991 年，始終只有單店，主打餅皮鬆厚的披薩與脆皮炸雞，包括我在內的老顧客應該都會同意她家的披薩不錯，卻沒有好到吮指回味的地步，但炸雞皮薄酥脆，則在水準之上，雖然用餐空間較窄，裝潢多年不變，當時衝著可以炸雞吃到飽，再搭配披薩來清口的用餐模式，大夥經常呼朋引伴光顧。

三十年來，蘇阿姨比薩屋的顧客跟產品及產品周邊的相處，產生出社群欲求和心理欲求的滿足，建構出的情感聯結通道，挹注該品牌穩定的印象來源，鞏固品牌形象。但自 2015 年該品牌將吃到飽改為單點計價，剝奪了顧客猛嗑炸雞的利益，原來衝著吃到飽、呼朋引伴去光顧的動機沒了，滿足社群功能的動力退散，情感聯結通道變小，僅剩以懷舊為主的心理欲求獨撐大樑，是否仍能產出足量的補償剩餘？僅存的補償剩餘是否強到支撐得起情感聯結通道？品牌是否因此削弱？值得長期關注。

4. 理性認同通道／精算剩餘：一切都在算計中

在六大通道中，理性認同通道算是基本款，靠著滿足功能欲

求單獨支撐，雖一柱卻可擎天，因為消費者支付的成本幾乎都花在換取產品功能上，直接赤裸但極度合理。這是我最為推薦的建構通道，也是企業應該優先使用的通道。

當顧客實支成本低於感覺應付成本，我名之為「精算剩餘」。精算的意思是，顧客會將產品以及連帶買進的附加所得（如服務、氣氛、使用壽命、維修成本）的項目收攏在一起，將價值減去購買成本，精算出之間的差額，謂之精算剩餘。

當然，沒有人會真的像會計師一般精算。消費者會根據以往的購買經驗，拿來跟標的產品的所得與成本做比較，在腦海中進行盤算，決定值不值得？划不划得來？如果發現你的產品經過盤算，功能欲求的滿足超越平均值，有明顯的消費者剩餘，那麼就具備打開理性認同通道的建構環境了。

炸雞店中的老牌連鎖餐廳肯德基，挺過市場洗牌考驗，屹立不搖，必定有過人之處。它很早就打破美式速食店的限制，開發在地化主食，例如台酒花雕紙包雞；以及小兵立大功的小點，例如雞米花。這些創新產品滿足了消費者對於推陳出新的期待。尤其是搭售蛋塔的決策影響巨大，以一種跟炸雞、漢堡甜鹹高度對比的口舌刺激，替整套餐點收尾，讓顧客在最後一口回味無窮。我個人隔一陣子就會吃肯德基的套餐，而且一定要搭購蛋塔，正是被這種味覺的二次高潮所吸引。

綜觀肯德基的一切，除了產品，其餘方面的表現平均水準上

下。肯德基爺爺不像麥當勞叔叔會突然現身店內給顧客小驚喜，它的服務員也沒有小麥笑得燦爛，店內音樂也很一般，對了，更別提它搭配的是我喝不慣的百事可樂，但它仍舊給了我夠高的功能欲求，讓我覺得實支成本低於應付成本，而且在精算後取得剩餘，連帶對該品牌產生理性認同，遞送正向印象。

不久前，我趁著另案研究肯德基品牌策略的機會，訪談了一些民眾，從結果分析來看，證實有不少人跟我一樣，抱持類似的精算心態在看待它，同時對該品牌懷有理性認同的傾向。不過，它在 2021 年底漲價，以及 2022 年調整套餐內容之後（雞米花不見了），造成我的實支成本增加，精算剩餘大跌，我心中的理性認同通道正在潰縮中。通道能否撐住，就看我的理性精算壓不壓得住我對口內味覺高潮的嚮往了。

5. 差異化特色通道／新鮮剩餘：守成不易

知易行難！肯定是企業主面對差異化（Differentiation）時的反應。外界動輒批評業者一味模仿，怠於追求特色經營，殊不知絕大多數的特色很好抄，首先發想的企業也很難握住專享權利，就算是石破天驚的破壞式創新，在專利權的保護下尚能享有時間有限的獨家使用權，一般性的創新點子幾乎無法受到專利保護。再說，申請專利的前提是公開資訊，反倒方便了那些不懂法律束縛的模仿者照抄。

經營企業要展現整合戰力，沒辦法單靠創新。在你構想出或試驗出令你興奮的特色那一刻起，就要有它很快被競爭者模仿的心理準備。有能力創造特色當然好，但你要當成開外掛，或視為企業引擎附加的後燃器，好用卻不能長期依賴。建構差異化特色通道亦復如此，棄而不用暴殄天物，用而不換則執迷不悟。箇中原因除了競品起而效尤，用一樣的點子甚至改良的進階點子抵銷掉你的差異化之外，還跟消費心理有關。

　　回到品牌觀點來談。差異化特色多半能滿足功能欲求，少數能滿足心理欲求，只有極少數能同時滿足功能和心理欲求。當顧客從差異化特色享受到前所未有的欲求滿足，通常會以為應付成本高於其他同類產品，沒想到實支成本竟跟其他同類產品相當，其中的差額我名之為「新鮮剩餘」。

　　沒錯，新鮮感就是差異化通道之所以能夠打開的唯一原因。但新鮮感有拋物線般的效用和特性，前期效用宏大，愈到後期效用愈低，這不僅跟競品模仿有關，也跟消費者喜新厭舊的天性關係更大。因為差異化的功能欲求滿足發生在感官戰場，感官刺激的鈍化速度快，使用差異化通道建構品牌，剛開始的新鮮剩餘龐大，品牌印象帳戶明顯獲得大筆挹注，但很容易後繼乏力。

　　以這些年異軍突起的韓式炸雞連鎖品牌起家雞來看，口味多樣且調味特殊，跟美式和台式炸雞相比，滿滿地新鮮感。以我個人吃過的青蔥和蜂蜜口味，提供十足的感官刺激，加上可以接受

的價位，確實滿足了功能欲求，製造消費者的新鮮剩餘，快速累積品牌印象。

但起家雞能否攻克形象位？關鍵在於能否由目前的差異化特色開發出別的強項。它靠特色打天下，但無法靠特色這一單項治天下，要站穩高度成熟的連鎖速食市場，還得看它能否趁新鮮剩餘的剩餘價值仍在，先預備開啟新通道。

6. 黏著通道／專屬剩餘：用一筆買賣換一生關係

企業為提高消費者貢獻度，通常會設計一套辦法，使顧客升級成常客，拉住他們，進一步黏住他們。黏著度跟忠誠度有操作本質的不同，忠誠度大都出自顧客自發性的擁護，而黏著度大都來自企業提出的誘因，例如航空公司給飛行常客（Frequent Flyer）的里程累積計畫，可升級艙等、換取機票等；銀行給高資產客戶的專員服務，客人不必抽牌臨櫃辦理，直接由專人代勞。

看到這裡，你可能會認為，最簡單的黏著度不就是像飲料店給顧客的集點卡嗎？我對「黏著」的定義比較嚴格，集點卡之類的做法在概念上是和功能欲求綁在一起，觸及不到心理欲求或社群欲求，我將之歸屬為「促銷操作」。

至於里程累積計畫或專員服務，真正給顧客的消費者剩餘，主要表現在心理欲求，次要表現在社群欲求上。例如走進銀行大廳，有專員笑臉迎人地邀請入座，奉上飲料和點心，代為辦理手

續，這位貴賓在心理獲得的欲求滿足，大大超越了省時省工的功能欲求滿足。再舉高鐵商務艙為例，多花一倍價格只為了較為寬敞舒適的座椅以及一杯飲料、一份點心嗎？其實主要是在心理上滿足顧客對自我身份的認同，同時獲取被他人另眼相看的社群欲求滿足。

更貼切的例子像某些汽車車種的車主俱樂部，或許是由車主團體自發號召維運，但汽車業者會提供車主俱樂部許多如行政協助、執行代操、經費補助、網站代管等協助，甚至直接主導車主俱樂部的設立。企業為何要這樣相挺？就是因為要養出這群車主特別強的黏著度，有利品牌外在資產在消費經驗、顧客忠誠、涉外傳播等項目的積累，一舉三得，何樂不為？操作黏著度尤其可以快速有效地鞏固忠誠度，投資報酬率頗高。

品牌經由黏著通道提供消費者心理欲求與社群欲求的滿足，產生出的成本差額，我名之為「專屬剩餘」，意指企業僅給予擇定顧客的特殊待遇，普通顧客無法同享。也正因為有這份專屬性，顧客才會黏著在該品牌上。黏著通道同時適用於既有企業與新生企業，而且愈是高價的產品以及愈有終生價值（Lifetime Value）的產品，愈適合運用。正因為如此，炸雞這個品項實在很難產出專屬剩餘，也不怎麼適用黏著通道，我就不勉強舉例了。

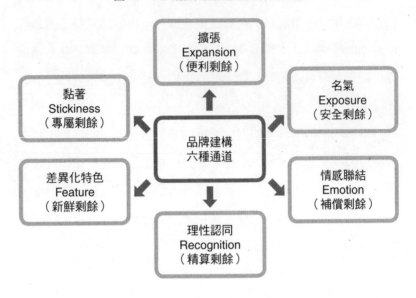

圖 10　六大品牌建構通道與剩餘價值

擴張
Expansion
（便利剩餘）

黏著
Stickiness
（專屬剩餘）

名氣
Exposure
（安全剩餘）

品牌建構
六種通道

差異化特色
Feature
（新鮮剩餘）

情感聯結
Emotion
（補償剩餘）

理性認同
Recognition
（精算剩餘）

多選題或者單選題？

　　圖 10 為六大品牌建構通道和各自對應的剩餘價值。有企業問
我，建構品牌是否需堅守單一通道？或可以同時開啟雙通道？

　　原則上，當然可以同步運用雙通道，甚至三通道，但基於
「企業做的所有事，都是品牌的事」的觀念，這也意謂你需要同時
處理三套行銷模式。

　　理論上可行，畢竟企業並非只提供跟精算剩餘有關的產品，
也要提供跟便利剩餘有關的通路，以及跟新鮮剩餘有關的複購計

劃（Repeat Purchase），難道這樣還不算是同時開啟三個建構通道嗎？關鍵是，這三套行銷模式你都有把握做得出名堂嗎？別忘記了，僅止於普通水平的產出，很難讓消費者在估算成本差額時確信獲得剩餘。

要開啟並支撐兩個以上的建構通道，跟意願無關，是付不付得起、做不做得來、管不管得好的問題。這也正是鼎泰豐何以只有單一的理性認同通道的原因——它把精算剩餘做到極致，勝過分心、分力、分財到其它通道，結果樣樣通、樣樣鬆。

總結，品牌建構通道一個恰恰好，需要耐心經營。直到現有通道做到失去邊際效益，或者時移勢遷、需要因應企業現況換軌到另一個通道，再做品牌策略推演，選擇新通道。

即學即用

1. 梳理出你品牌的建構通道歷程，最好能從至少十年前直到現在。若品牌歷史不足十年，從品牌創立時開始梳理亦可。
2. 開始著手規劃未來三到五年的品牌建構通道。

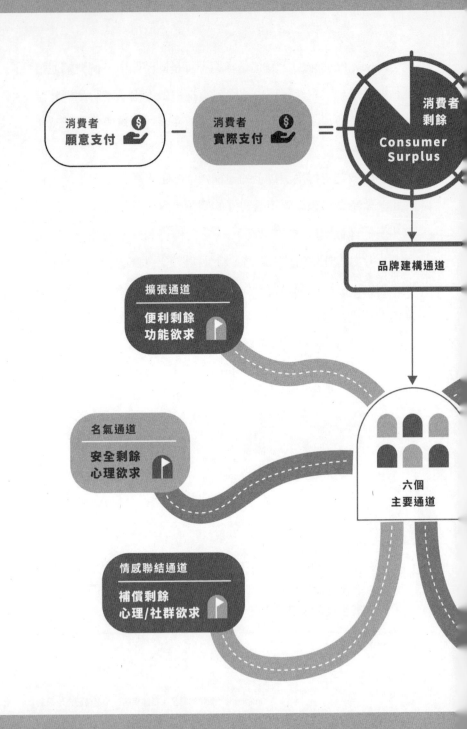

消費者
願意支付 💲 － 消費者
實際支付 💲 ＝ 消費者
剩餘
Consumer
Surplus

品牌建構通道

擴張通道
便利剩餘
功能欲求 🚩

名氣通道
安全剩餘
心理欲求 🚩

情感聯結通道
補償剩餘
心理/社群欲求 🚩

六個
主要通道

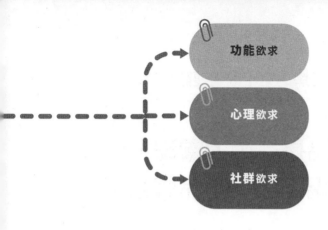

功能欲求

心理欲求

社群欲求

黏著通道

專屬剩餘
心理/社群欲求

差異化特色通道

新鮮剩餘
功能/心理欲求

理性認同通道

精算剩餘
功能欲求

品牌觀念流程圖 9

建構品牌的六種通道選擇

品牌要透過人為操作來打造。從「消費者剩餘」發展出來的這六種建構通道，大有助於替品牌轉骨、茁壯、成長。

產品是品牌的靈魂，
產品現況決定了品牌未來

　　你應該察覺到了，我三不五時就要提到產品有多重要。其實供給夠好的產品給消費者，是企業的義務，難道還要消費者殷殷期盼嗎？

　　幾十年執業生涯，在產品上偷斤減兩的企業看得太多了，他們還沒壞到該被冠上黑心的程度，因為偷斤減兩跟偷天換日不同，前者用省成本的花招換到超額利潤。例如我常光顧的一家饅頭店，推出夏季促銷，一顆原價十五元的白饅頭，促銷價八元，買回去才發現那饅頭整個「減肥」了一大圈，大概只剩原尺寸的二分之一。對啦，花八元怎麼買得到十五元的尺寸？問題是店家大可以說推出 S 號小饅頭，何必要用促銷話術讓人以為可以用八元價買到十五元的產品呢？

像這樣的偷斤減兩稱不上黑心，了不起算貪心。貪小利而損商譽，很多欠缺品牌觀念的企業和商號，就在數鈔票的同時，渾然未覺自己砸了招牌，這是典型的小處省芝麻、大處漏油。

　　至於偷天換日，是指企業用損人利益的惡行博取不當利潤。二十多年前，我曾經談過一個做罐裝咖啡的公司，專營特殊通路，如檳榔攤和傳統柑仔店。他們想在品牌上砸錢，為打進常態零售通路做準備。我說要先試喝產品，雖然我對咖啡的味覺遲鈍，但的確喝得出三合一的味道，還不錯喝。我跟他們聊得起勁、相談甚歡，該公司業務主管大概太嗨，不小心說溜嘴，眉飛色舞地表示他家的咖啡調配得比競品好很多，大家都是化學原料調出來的，他家的口感最能以假亂真。

　　聽到「化學原料、以假亂真」八個字，我緩慢而掙扎地吞嚥下那口咖啡，用舌頭攪拌口腔，想感受出殘留餘味中的化學感，但沒有就是沒有，明明的三合一咖啡味道，除了有些過甜以外，不輸我之前喝過的大品牌三合一啊。業務主管可能想讓我知道他們有實力砸錢做品牌形象，說他家每罐咖啡的毛利很高，每罐可以提撥一塊錢當做品牌形象預算，要我放心，錢不是問題。

　　錢當然不是問題，有問題的是損人健康的良心問題，後來我拒絕了該公司。事後我養成一個習慣，買食品時會先細看包裝標籤的成份表，看到那種長長的化學名詞，敬謝不敏。

一口一口一口，做出品牌

到廣式燒臘店，我喜歡先點該店的招牌飯，所謂招牌飯，就是集合該店引以為傲的燒味臘味為主角。招牌飯理應要端得上檯面，否則就是砸了招牌，但其實我經常吃到砸了招牌的招牌飯，通常並非壞在主菜不好，而是因為主刀師傅的成本抓得太緊，燒臘少少切幾塊，又小又薄，咀嚼不出汁水，本來燒製到位的食物，因待客太苛而壞了口碑。

口碑跟品牌有血緣關係。你看，品字三個口，三有眾多之意，眾多人的口碑好，有口皆碑，便形成品牌。所以，舊時代不勞費神推廣，不必花錢宣傳，而是靠著顧客滿意的口碑堆積，自成品牌。現在還有老字號店家可以讓我們見識口碑如何形成品牌，是我們這輩人的幸運。我有次到北投一家老五金行買三尺細網目紗網，第二代年輕老闆特地從店後倉庫搬動一堆積材、找出產品，扛上肩膀，走到騎樓，先在地面墊上橡膠墊，攤開整捲紗網，壓平後仔細量出長寬各九十五公分的紗網，剪下包好才遞給我。

三尺不過九十公分，為什麼剪九十五公分？在八月溽暑下飆汗的小老闆說：「我爸教的，給客人多留幾公分做阿縮比（日文音，餘裕的意思），免得不夠用。不會多收錢啦。」他願意為了這一小筆當時僅值幾十塊錢的生意，忙進忙出十幾分鐘，我已經很感謝了，還贈送一份貼心，更令我感動。

這間店給了我滿滿的「新鮮剩餘」，開啟差異化特色通道。那多給的五公分又給了我「精算剩餘」，再開啟理性認同通道。沒想到，一家位在北投老街上的五金行，掛的招牌年久褪色，但品牌光鮮亮麗，這就是以口碑做品牌的絕佳實例。

許多企業誤認品牌就是包裝，以為做好了產品包裝、傳播包裝、公益包裝，品牌形象唾手可得，這真是緣木求魚。假設包裝費盡心思，但產品因陋就簡，顧客的失望可想而知，為之憤怒亦屬正常，怎會給出好口碑？殊不知口碑是品牌的前世，品牌是口碑的今生，兩者血緣一脈相承。所以，企業與其做包裝，不如做口碑。包裝能為品牌錦上添花，卻絕對不可能讓品牌永續。

我經常舉過年過節的禮盒為例，告誡企業別花大錢做包裝，然後用劣質的內容換得壞口碑。我曾收過某大食品業者推出的禮盒，包裝雖不華麗，也算費工，打開後我傻眼了，原來禮盒中還有第二層包裝，兩長一短共三個小紙盒，我正納悶有必要把兒童塞進大人衣服內嗎？沒想到打開紙盒，兩長盒裡又見扁扁的鋁箔包裝，撕開倒出，裡面分別是碗豆與腰果，不誇張，就十來顆；短盒裡面裝著三分之二滿的杏仁小魚。試問，加總三十多顆的堅果，以及幾十公克的杏仁小魚，一掌可握的份量，用得著包成這樣嗎？送禮人看到包裝不賴，成為顧客，但收禮人看到內容物，能不把該品牌當拒絕往來戶嗎？如此不顧口碑的大企業，要我怎麼相信它號稱的良心呢。

我泡了杯茶，一口一口一口吃掉堅果和杏仁小魚，自動關閉掉該品牌原本開啟許久的理性認同通道。起碼在我心裡，它花數十年建立的品牌通道，我花十分鐘擊潰。這種不在乎產品品質、卻在意包裝質感的台灣企業多不多？不但多，而且非常多。從偷斤減兩一路學到偷天換日，那些企業主真的認為消費者無感嗎？記得，口碑是一口一口一口，耗費十幾、二十年樹立起來的，也是一口一口一口在消費者的心象樓層毀掉的。高喊永續經營的企業主，你們心中的永續是多少年？好好看看產品的品字，跟品牌的品字一樣，眾人的口都說你產品好，口碑就出來了，口碑多了，品牌就誕生了。做品牌，就是從做好產品開始。

想實現期望，先認清現實

　　當人轉為消費者的身份，人性雖然不會改變，但特定的人性會被放大並且被推升到較高的位置，成為保護消費行為的機制。

　　熱情的銷售員會比冷靜的銷售員創造更多業績嗎？直覺反應會，因為一般認為熱情的態度能卸除人的防衛心並軟化人的主觀，影響人的理智，誘導人的決定，幫助銷售話術攻破人的既有價值評斷，催化締結。反之，冷靜是理智的象徵，用冷靜的情緒面對人，會誘發人的理智，形成理智對抗理智的氣氛，不利銷售話術的進攻，無法扭轉人的既有價值評斷。

基於個人對消費心理學的興趣，我經由幾位任職房屋銷售、小家電零售、與汽車銷售的朋友協助，用了長時間、在保護個資的前提下，訪談紀錄他們的銷售交易過程，從接觸、初探、提議、敘明、議價到締約，採集數十份樣本，試圖從中探究消費者決策的心理機制。礙於自己專業訓練不及於學術，這個研究計畫沒有在嚴謹的學術框架下進行，純粹想補足我的品牌論述中關於消費行為與消費心理的關係。以下心得仍偏向假說性質，離形成理論尚有一大段距離，但截至目前，我確實看出脈絡，方向大致正確，所以先行引用少許。

　　銷售員的待客態度熱情或冷靜，跟消費者能否變成顧客沒有絕對關聯；跟消費者變成顧客後的購買內容完全沒有關連。前面提到一般認為熱情待客能卸除防衛心、軟化主觀、影響理智、攻破價值評斷，但我根據有限樣本數的統計發現，防衛心的確明顯卸除，主觀則因人而異，有部份人的主觀會在「敘明階段」回來，更多人的主觀會在「議價階段」回來，形成阻礙銷售的瓶頸。

　　理智，絕大多數潛在顧客強力捍衛，通常在「提議階段」湧出，並自此一路伴隨。潛客通常只有在議價階段出現感情用事的「反智行為」，試著反過來影響銷售員的理智。嚴格來說，潛客在此階段是為了掩護想議價的理智，而並非真的在行為上反智。

　　至於「價值評斷」，由接觸到締約，自始至終未受待客態度影響，稱得上是消費行為最硬核、最有全面掌控力的人性。在銷

售進行過程中，人性在面對商業交易時，會放大價值評斷並將之自動推升到前沿，用來應付對手，取得有利的議價結果，保護這次的消費行為。換句話說，銷售員冷靜待客或熱情待客，在締約所獲取的實質成果，差異不大。顧客的購買內容，一直受到理智牽引，前端被卸除的防衛以及局部的主觀軟化，並沒有動搖其價值評斷，因此，每一筆交易都會穩定的落在既定範圍內，上下遊移的空間不大，很少有超出業務人員預設的情況。

這個現象可以援引二十世紀中葉精神醫療師威廉‧葛拉瑟（William Glasser）所提出的精神治療方法來解釋。他的「控制理論」（Control Theory）說明，人類本身就是一組控制系統，懂得如何透過控制來滿足需求。

消費者的購買行為普遍受理智控制，是以一套預想好的價值評斷標準，評估交易變數。不論產品屬性，不論金額高低，不論交易型式，人類藉由購買經驗內化在腦中的行為控制系統，用價值評斷阻止了衝動性購買行為，即便消費行為仍會偶爾逃逸出控制系統的掌控，而爆出衝動性購買，但人類會從經驗中學習如何更有效地放大理智、推升價值評斷，保護自己的消費行為。消費者啟動控制系統保護自己，沖淡銷售者在交易過程拋出的情感訴求，同時也破解了銷售者的心理佈陣。從人性角度看，消費者行為完全符合現實，依循自我利益導向（Self-Interested），理智地衡量為產品付出的成本跟所獲得的報償之間的差額，再做出決策。

這個展現在交易過程的心理機制，我暫時定名為「消費者現實原理」（Consumer Realistic Principle）。

上一章關於品牌建構通道的論述，六大通道不同程度地滿足了功能、心理、社群三個面向的欲求，形成消費者剩餘，而「剩餘」的概念正是理智計較的結果，也反映出人類重視現實的價值評斷。消費者在交易過程中，跟銷售者動之以情也好、套交情也好、悲情訴求也好、工於心計也好、詭辯也好，其實都是運用價值評斷時所祭出的工具，目的不外乎是包裝自己的理智行為。因此，我認為一場交易能夠順利完成，絕大多數有賴於面對現實的談判與妥協（Negotiation and Compromise）的交互作用，屬於人際互動的攻防型態，而非打動型態或勸誘型態。

我的結論是，消費者很現實，顧客更現實，忠誠顧客最現實。他們、或者應該說我們，真正在乎的還是產品。其餘附加在產品上的東西如包裝、贈品，或圍繞在產品周邊的東西，如賣場氣氛、人員導購、輔銷製作物、傳播廣告，僅能在交易前端發揮誘引和催化的作用，然而一談到締結銷售，仍然回歸「消費者現實原理」所點出的價值評斷心理機制。

品牌的三件大事：產品、產品、產品

我不厭其煩地強調品牌跟產品的近親血緣，原因是看了太多

不顧產品、汲汲營營於外在感官印象的企業，卻搞不清楚那些高大上的表象，離形象其實遠得很。惑於表象而昧於真相的企業主，產品只求過得去就好，只生產而不研發，只強銷而不改良，妄圖以表象對抗消費者現實，遲早失敗。

　　表象並非不重要，日常消費品至少要維持乾淨整潔的外觀，定位在送禮市場的產品更需費心包裝，連講究功能的產品如自行車、掃地機器人、電子鎖……也要靠工業設計來增色，完全不需包裝美化的純機能產品愈來愈少。但講到底，產品仍然籠罩在消費者現實原理的作用之下，而買方強力計較兩件事，一是品質，二是價格，非常現實，並且十分寫實。

　　台灣鳳梨酥的代表性品牌不少，日出鳳梨酥包裝多采多姿，視覺感十足，總店裝潢滿溢巴洛克式的繁複美學風格，成為觀光景點，國內外顧客視之為伴手禮選擇。日出無論多麼重視外在感官印象，它的鳳梨酥仍有一定品質，我吃過的感覺固然沒到驚艷的地步，也不會把收到的日出禮盒轉送他人。印象走簡約日式風格的微熱山丘同樣關注包裝，從海內外門市到鳳梨酥的單顆包裝，都呈現精品企圖。然而，無論是知名建築師設計的門店外觀，或俐落清新的網站設計，都只令我亮眼一次，促使我繼續回購的，還是用了土鳳梨餡、口感特別的產品。它的外在感官印象對我價值評斷的影響，只發生在初始接觸階段，之後就由理智的心理機制接手，用購買成本對比消費慾望或送禮需要，回到現實。

相對於日出和微熱山丘，佳德鳳梨酥的外在感官印象不怎麼樣。門市、招牌、包裝、網站設計，找不到任何可圈可點之處，平凡得不得了。但它憑著油膩感拿捏適切的製作技術，提供酥軟香甜的口感，剛好合乎消費者現實原理，讓顧客甘願一再回購，不僅自吃，當成贈禮也不會因為它的包裝普通而送不出手。逢節慶排在佳德門市騎樓的超長人龍告訴我們，行銷那致勝的一擊在「產品」，而且從來沒有變過。

爆紅，靠意外；長紅，沒例外

企業也別埋怨消費者現實，嚴格檢討，企業比起消費者更現實，對吧。國際石油價格上漲，業者叫苦連天，紛紛表示成本結構中跟油價連動的部份太多，必須漲價。等國際石油價格長期走跌，你可曾看到哪家企業會自發性的調降售價？

我住的地方走路五分鐘可達一家豆漿店，2021 年初一根油條十三元，2021 年中漲到十五元，2022 年初一口氣漲到二十元，而且油條好像變短了，原本折起放入燒餅，還會露出一截，漲價後露出的那一截已不復見。姑且不論價格，它的產品品質無法通過我的價值評斷，說得更精確些，從現實角度審視，產品等於合情的品質加上合理的售價，就算所有物價都上漲，但一條二十元的油條，品質不合情地下跌，售價不合理地上漲，身為消費者的我

嗅出了店家想趁國際原物料上漲獲取超額利潤。既然它現實，那我也現實點，寧願多走五分鐘路光顧反方向的那家豆漿店，它的油條從十五元漲到十八元，但沒有縮水，合情合理。

把消費者現實原理做個延伸詮釋，談判與妥協的交易過程，實際上是賣方和買方「現實對撞」的過程。

高價產品的談判跟妥協過程很容易理解，前沿的接觸、初探階段再怎麼感性，消費者的控制系統一樣會在提議階段、敘明階段抓回主導權，回歸理智的價值評斷，並在議價、締約階段與銷售者現實對撞。那麼低價產品呢？談判和妥協的交互作用同樣會發生，只是不像高價品般雙方攤在檯面上攻防，低價品通常只會走一條談判妥協的快速通道，就是消費者單方面的內心拉鋸。

在正常情況下，販售低價品時，賣方不會出現，只能由買方在心中展開小劇場、自導自演一齣齣說服自己的戲碼。你回想一下買路邊攤產品時的心情，老闆就在你眼前，是不是更易促發現實對撞，即使價格再便宜你也想殺個價？換個場景，當你站在超市貨架前，望著兩個一組九十元和單個五十元的選擇，買一組用不完，買單個又比一組的單價多花五元……腦中不斷進行著價值評斷，在內心小劇場裡進行拉鋸，這就是具體而微的現實盤算了。

身為消費者的我們，每天在跟賣方現實對撞或跟自己現實對抗，那麼身為更現實一方的企業，又有何理由期望顧客僅憑外在感官印象就買單呢？因此，企業在攻略市場時應該勇於面對「消

費者現實」，提供顧客合於常情的產品品質、合於道理的產品售價。合情合理，可謂交易過程賣方握有的最佳現實對撞點，而非妄想用一點都不現實的感官印象來魅惑消費者。我會提醒企業主，永遠當自家產品只有剛好及格的六十分，切勿自滿，這樣才能督促精益求精。之前有傳產企業主問我，產品到底要進步到什麼程度，才能既合情又合理呢？

超商的茶葉蛋怎麼不見了？

先來講個小故事。約莫十年前我搭機返回松山機場，出關後肚子餓，就去入境大廳附近的便利超商，想買顆茶葉蛋墊個底。我直覺走向熱食區，目光在幾個加熱容器間巡梭，奇怪？怎麼樣就是找不到茶葉蛋。詢問店員，他說就在那裡啊，但我找不到就是找不到。店員還以為我是從大陸來的，過來指著一口大鍋說：「你們那裡的超商是沒有賣茶葉蛋喔？」

我定神一看，這間超商用來燉茶葉蛋的，不是一般常用的紅色或綠色電鍋，而是一個像餐廳煮飯用的淺口不鏽鋼鍋，大小、形狀和顏色跟以往我們熟悉的電鍋完全不同，最主要的是，上面鋪著一塊蒸布，根本看不出有蛋。我一心照著電鍋燉茶葉蛋的刻板印象在找尋，蒸布遮掩了我突破盲點的最後一條線索。

是什麼原因造成我用熟悉的既定印象去比對陌生的表象，導

圖 11　產品概念的效果產生路徑

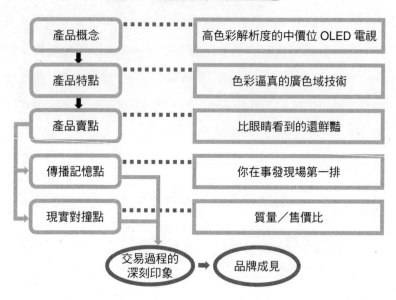

致身體的控制系統失靈呢？答案是「成見」（Prejudice）。人所堅信不移的看法，可能出自本身的固執己見，但是商業上的成見幾乎全部靠人為操作。

我自行研究的「產品概念的效果產生路徑」，可以說明企業開發出來的產品概念如何經過幾個節點，最終成為有助於品牌快速穿透心象層與想像層的「成見」，直達第四層樓的形象層。圖11是以平面電視產品為例，右側為銷售話術或傳播語言，左側是產品概念的蛻變過程。如圖所示，消費者在交易過程留下的深刻印象，源於傳播記憶點以及現實對撞點。

傳播記憶點眾所周知，無須贅言，但記憶點能夠製造的印象深刻度，遠不如買賣雙方現實對撞後遺留印象的深刻度。經由現實對撞所形成堅固的既成印象存在腦中，取得直通二、三層樓的通行證，在自身控制系統保護下，如同餵形象吃大補丸。這就是「成見」對於品牌建構的貢獻，當然也等於產品對品牌的貢獻。

看到這裡，你應該明白我為何一直在強調產品角色，也應該了解交易過程中，由消費者現實原理促動的現實對撞干品牌啥事了吧？關於傳產企業主提問，產品要做到什麼程度才稱得上既合情又合理？答案就是，要做到你鎖定的核心消費者對品牌「心生成見」為止。這很不容易，同一個業種僅有少數品牌做得出成見，但你不試怎麼知道做不做得到。

成見可改變現實對撞

這又是一個回頭報恩的例子。透過多次交易過程確認的成見，如同取得破關通行證，帶領品牌直奔形象層。反過來說，蘊含了成見的品牌形象，必定會在下一次的買賣雙方現實對撞中發威，如同領了將令的急先鋒，殺入買方的價值評斷，促使買方認同產品品質並自我合理化售價。

台灣醫療體系存在名醫的概念，絕大多數人認定名醫的緣由，其實來自打聽到的口碑，而非自身就醫經驗。口碑成就了名

醫的「成見」，成見牢牢附著在特定醫師的個人品牌形象內。正常情況下，醫病雙方應該是對等關係，就跟商品買賣雙方的對等關係一樣，同樣要走過接觸（問候寒暄）、初探（病人說明症狀，醫師問診）、提議（醫師提出病因）、敘明（醫師解釋病情，病人反饋、質問）、議價（醫師提供治療方法給病人決定）、締約（病人批價、領藥或預掛、轉診）的完整過程。

但事實上，台灣病人有敬重醫師的傳統，通常不會採行一般商業交易的談判方式來爭取己方權益，面對醫師反而會放棄對等立場並輕易妥協。再加上名醫的成見發揮作用，能夠有效卸除病人防衛心、軟化主觀、影響理智的控制系統、攻破價值評斷。這一連串的名醫成見效應，每天都在醫療現場發生，使得醫師在跟病人現實對撞時，取得壓倒性優勢。

基於台灣人敬重、甚至敬畏醫師，使得台灣醫界享有業種的品牌成見，而醫師聲譽又能創造個人的品牌成見，業種的品牌成見與名醫個人的品牌成見相互加持，如核融合般迸發強大能量，消滅了現實對撞的可能性，個人品牌成見突出的名醫更成為病人等級偏好（G&P）標註的仰望品，可望而不可求（求診的求，名醫的號難掛啊）。要注意的是，操作品牌成見倘若過頭，被輿論揭發實況不如品牌印象認知，或被消費者戳穿真相跟表象顯有不合，原有的成見就會由正轉負，質變為偏見（英文仍是Prejudice），使得品牌象位迅速倒退回去。

說到底，還是產品最要緊，企業務必嚴肅看待。

我給品牌成見的新解，「成見」就是成功被看見。回頭多看一眼圖 11，在行銷與傳播雙重作用下，把源自產品概念的特點，轉化成消費者有感的賣點，同時藉由傳播將賣點包裝成記憶點。這些賣點和記憶點歷經無數次交易過程中的談判妥協，通過了買方價值評斷的考驗，逐漸被買方視為衡量售價合理與否的關鍵。

至此，成見堂堂落定並深植人心，成為買賣雙方現實對撞時賣方的優勢。有成見的品牌很好辨識。別人提起一個品牌，問你覺得它好在哪裡？你能第一時間明確給出答案，而且跟大多數人給出的答案方向一致，它就是有成見的品牌。

做品牌的第七步：從產品提煉成見

日立冷氣？以前給出的答案是品質好，但看來太籠統，不夠聚焦。於是這些年日立改聚焦於「壓縮機日本製造」這個賣點，由於這個產品賣點成為傳播記憶點與經歷現實對撞的時間還不夠長，依我評估目前只能稱為「準」品牌成見，但方向正確無誤。

大金冷氣？相信大部份人的答案是「日本第一」或「省錢」。它之前聚焦在日本第一，但因為台灣冷氣前幾名都是日系品牌，日本血統難以成為品牌成見，加上競爭對手日立冷氣直攻「日本壓縮機」，讓大金的「日本第一」失去現實對撞的優勢，於

是它乾脆轉而訴求「買大金、省大金」，赤裸裸地挑戰售價合理性，來個最現實的現實對撞，在長期投送傳播記憶點以及經歷促銷回饋等現實對撞下，「省錢」的確即將成為它的品牌成見。

東元電機？馬達好，是很多人對該品牌的成見。電風扇、泵浦、車電馬達等產品，尤其是在工業用市場，它的指名度很高，品牌成見很強。不過，馬達的品牌成見卻沒能成功轉移到東元家電，無緣強化冷氣銷售的現實對撞點。為何東元電機的品牌成見再強，在家電市場也只能庇佑到電風扇？因為馬達負責提供電力給壓縮機，而壓縮機才是冷氣的心臟，這也是何以日立要把「壓縮機日本製造」拉出來當新的品牌成見的原因。所以，東元電機在工業市場有品牌成見，東元冷氣在消費市場則沒有品牌成見。

另外舉個有趣的例子。來台觀光的日本女性心目中，對台灣的美容院有強烈的品牌成見。許多觀光客必訪美容院，就為了享受坐在美容椅上洗頭與肩頸按摩，那是台灣消費者習以為常的服務，卻給了日本觀光客現實對撞的衝擊。台灣美容院提供了超乎常情的產品品質以及高度合理的產品售價，讓日本觀光客在交易時對撞到澈底脫離現實，控制系統被完全征服。對日本觀光客而言，椅上洗頭與肩頸按摩成為台灣美容院業種品牌的成見，也成為她們 G&P 標註的欲求品。

成見對品牌有貢獻，成見的攣生兄弟「偏見」，則對品牌有殺傷力。

自助餐店是台灣人外食的日常，其計價標準常令顧客質疑，店家說是依照菜色和夾取份量計算，但往往全靠結帳人的自由心證來判定份量，真的很失準，你應該也曾對店家喊出的價格皺眉狐疑吧。當「價格隨便算」已經成為部份自助餐店的品牌偏見，顧客在結帳時曾經吃過隨便算的虧，在多次交易的現實對撞後，必然會將這些店家在 G&P 標註中定為忽視品。

品牌建構，必始於產品；品牌推廣，必基於產品。公司裡跟品牌作業關係最密切的，必定是產品研發、生產、質控、售服這一條龍。善用「產品概念的效果產生路徑」，從「概念」找出特點，站在消費者角度琢磨「特點」，將之轉成「賣點」，用傳播技術把賣點包裝成「記憶點」，然後呢？絕大多數行銷人會停在賣點和記憶點這一關，那就可惜了。

應該繼續往下，在交易實戰中跟「消費者現實」進行對撞，直到驗證該賣點足以擔起「現實對撞點」的重任，與記憶點分進合擊，逐漸形成品牌成見，才有可能取得比競品更快抵達形象層的高鐵車票。

即學即用

1. 你的產品放在同類產品中以高標準檢視，是否足以贏取消費者口碑？如不行，主要原因為何？
2. 你的品牌是否具有「成見」？其強度是否足以影響現實對撞？

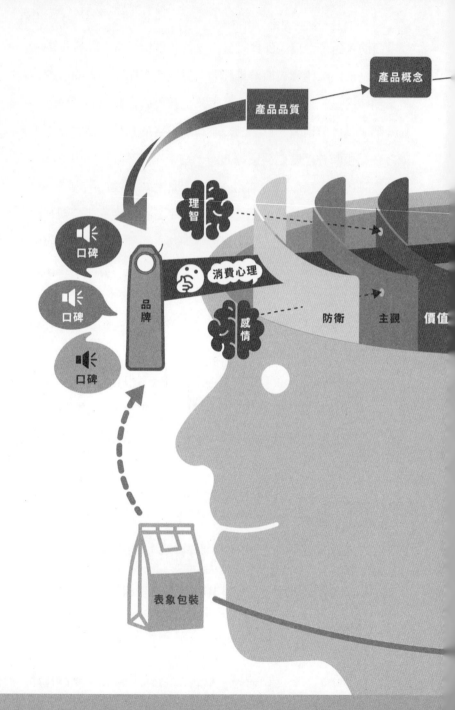

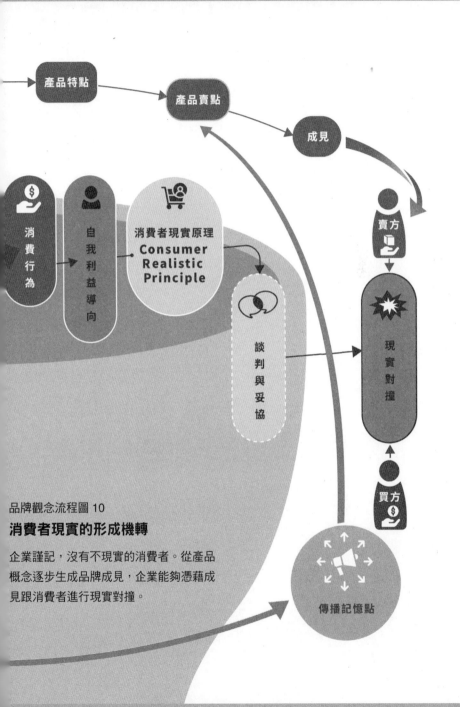

產品特點

產品賣點

成見

賣方

消費行為

自我利益導向

消費者現實原理
Consumer Realistic Principle

談判與妥協

現實對撞

買方

品牌觀念流程圖 10

消費者現實的形成機轉

企業謹記，沒有不現實的消費者。從產品概念逐步生成品牌成見，企業能夠憑藉成見跟消費者進行現實對撞。

傳播記憶點

PART 4

操作控管

完善的品牌倫理，
來自於嚴謹的工程學思維

做品牌從來不是一件輕鬆寫意的事，縱使談不上嘔心瀝血，總得戒慎恐懼，輕薄不得，特別在人的問題上，尤其不可大意。

從公司治理的立場，人力資源的風險遠高於財力資源、技術資源、物料資源、機具資源。道理很簡單，所有資源都操縱在人的手裡，各類資源再穩定，也會敗在不夠穩定的人力資源手上。因此我不相信佛系管理那一套，經營者可以為了博名聲自命為佛，倘若因此澤被下屬，視員工為善男子、善女子，用人不疑，卻沒能力疑人不用，可別自以為佛度化得了怠惰無能的員工。企業主想效法商界的人格者用精神感召職工，擅用所謂人性化管理而擅棄制度化管理，泰半後悔。

只看了那些商界人格者的自傳，欽羨他們或釋或儒或道的治理之術，便妄用於自身，無異東施效顰。一來，幾乎所有這類自

傳，除了極少數不諱言主人翁的暗黑面，如華特‧艾薩克森（Walter Isaacson）執筆的《賈伯斯傳》（*Steve Jobs*），難得的善惡並陳，一般自傳都盡量隱惡揚善，把主人翁寫得都很完美。你若天真的依樣葫蘆，模仿那些人性化管理，就太當真了。

二來，我承認佛系管理的確存在，但絕對有其前提。通常在經營持平、競爭力穩定後，企業主才由怒目金剛化身為拈花微笑的佛。而且，佛往往會讓下一層管理者扛起怒目金剛的角色，在佛的國度維持制度化管理。佛化自己卻金剛化管理層的其他人，是佛系企業主常用的厚黑治術。

商界人格者自傳看看可以，企管學者的訓誡聽聽就好，但你的成佛之路必然在你事業成功之後。我這本書主要寫給拚搏奮戰中的台灣企業主看，不是寫給功成名就且品牌牢固的企業家看的，所以要想實用我的品牌學，必先同意我的治理觀。

我從服務企業的經驗觀察，領導者的風格轉變時機點非常重要，過早由金剛變佛，禍患不遠且後患無窮。而始終金剛到底、拒絕成佛的，惹得一個酷厲薄情的罵名，卻贏得長治久安，這才合乎永續經營精神吧。

在管理的眾多領域裡，要問我哪個形容詞最能適用所有領域，我會回答「紀律」。制度化管理運用精心設計的機制來要求紀律，有些員工會不爽，但每個人都必須在制度下改變自我慣性，為共同目標付出。人性化管理則基於最小限度的規範試圖導

引紀律，但放縱容錯的空間太廣，加上欠缺均一標準，衍生評估與獎懲基準不公的弊病，更難以極大化人力效率。

直言之，硬將人性化湊合管理術，提出看似充滿人文關懷、實則矯枉過正的論點，影響所及，企業中負責操盤品牌的人，欠缺精進專業素養的自覺，面對品牌任務時，別說戒慎恐懼了，連基本的任事心情都鬆懈廢弛，向低標看齊，跟業餘為伍，難怪台灣的品牌發展遠遠跟不上產品進化的速度。

置品牌於險境的，始終是人

如同做學問，再怎麼學有專精，必修學術倫理學分，因為會傷害學術的一定是人，必要用倫理規範束縛人的肆無忌憚。我在輔導企業品牌議題上，常在最後專門講授品牌倫理，主要內容在探討人力資源在品牌管理過程的肇事成因、肇事機率、肇事後果、肇事防杜這四件事。品牌倫理不但壓在最後講，而且我免費奉送不計費，條件是企業管理高層全程出席，否則恕不講授。

我的倫理設定標的很明確，焦點全在內部人力。正是「物必自腐，而後蟲生」，過去數起台灣大企業因人謀不臧而鬧出的廉能事件，都能追索出相同的發生軌跡，因未落實管理而紀律鬆弛，因紀律鬆弛導致貪念逾越倫理，侵犯公司利益。

廉能事件讓企業損失金錢，有負於股東託付。人在品牌領域

肇的事，佔第一位的並非廉能事件，乃是職能事件。主因品牌經理或操盤人昧於專業，自我職能管理廢弛，推動不力或無力推動，錯失品牌建構良機，損及品牌資產，以致企業從投資品牌獲得的收益有限，無法攤平機會成本，從公司治理審視，已經構成倫理問題。所以，我說的品牌倫理，聚焦於企業內部操作品牌的相關人力。

我在各個管理領域，包括傳播管理、創意管理、策略管理與品牌管理，甚至是自己偏好的思辨管理，都已慣於引用工程學（Engineering）的概念，綜合運用 Know-How、知識、理論進行辯證並互相印證，設計出系統性的操作，盡量讓所從事的人文科學和社會科學事物，能夠契合自然科學嚴謹邏輯的標準，確保產出的結果穩定，既不過度主觀，又能控制品質的均一。以創意為例，我堅持選擇先做歸納式的策略構思，才能根據策略引導出演繹式的創意構想。相關探討，可回看第八章的論述。

原本屬於自然科學的工程學，其實早就被延伸應用來解決經濟社會領域的問題，如金融工程學（Financial Engineering）、衛生工程學（Sanitary Engineering）等等。其中一個我認為極具延伸應用價值的是人因工程學（Ergonomics 或 Human Factors Engineering），有鑒於人類生物性先天條件實不足以隔絕身心影響，而有難以規避的犯錯機會，為了在器械運作時降低意外事件發生，設計出一套運作系統，讓器械得以安全運作，不會傷到人體。人因工程大量

應用在機械、電機、電子領域，從製造端的人機協作直到消費端的防呆設計，都涵蓋其中。

　　跨界借用工程學，特別是人因工程學來充實品牌倫理的內涵，發展「人因危害防止」的系統化設計，能夠抑制人力在操作品牌時發生意外錯誤的機率，維護企業權益。前提是企業的治理要尊重制度化管理，而非不穩定的人性化管理，在管理品牌的每個環節，採信科學精神與依賴邏輯辯證，將人對品牌可能造成的危害減到最低。

保護品牌倫理的六個步驟

　　人因工程目的在控管人跟器械的意外關係，我借用人因工程落實品牌倫理，目的在排除人員操作品牌事務時的人為錯誤。2016 年以降，兩岸關係愈趨緊張，跨兩岸經營的企業稍有不慎，無意間誤觸敏感神經，可能由於一則小編在社群的無心留言引發軒然大波，而提油救火的情況也屢見不鮮。像小編的留言，從人性化管理立場看，可能連無心之過都算不上，但正因為無心，才會有過。在企業內故意製造事端來傷害品牌的人，挾怨報復也罷，心懷不軌也罷，總是極端少見的例子，絕對多數的過錯不都是無心造成的！

　　人性化管理沒辦法有效抑制無心之過，制度化管理才做得

到。跨兩岸企業從頻繁發生的網路無心之過學到教訓，剝奪員工在官方網路社群的發言權，同時限制員工在個人網路社群議論機敏議題，種種禁制規定很不人性，但符合品牌倫理的要求，外界不必以泛道德標準濫情地批評，反而應該藉此機會檢討台灣企業在工廠管理之外的場域，太輕視工程學的不科學現象。

我提出自己用的「保護品牌倫理」的幾個步驟供參考，不見得適用所有企業，你可考慮自家企業的業種型態、市場年資、運營特質做調整。

1. 人為錯誤性質分類

要保護品牌，當然必須因人設事，因什麼人？因企業內部人力資源的實際狀況，例如傳產業的人資比較強調群體和諧及保守作風，科技業的人資則重視獨立人格及開創想法，招聘的人有差，人會犯的錯就有別。跟科技業員工相比，傳產業員工較墨守成規而怯於承擔，較被動消極且缺乏彈性，犯下大錯的可能較低，但累積小錯、鑄成大錯的可能很高。

因人設事的後半段，是要設什麼事？傳產業想保護品牌，關注的點要放在假定當事人隱匿不報的狀況下，可以靠系統提示錯誤的存在，要設的事是預設「自動尋錯機制」，以預置的跡象參數做現況比對，以便能適時觸發警訊，發現遭到隱藏的小錯。

想在科技業保護品牌，關注的點則要放在管制員工行為模

式，當員工處理事務的方式偏離既有模式，機制要強力介入停止該處事方式，以便能及時控制風險，因此要設的事是「公務行為監測」，針對員工乖離產業常態行為的異常舉措提出預警。

2. 品牌風險分級

一有風吹草動，立即行動，這樣好嗎？過度的反應帶來過激的措施，員工感覺動輒得咎。若視之為保護品牌倫理的代價，結果會養出一批事事請示的頂天型員工，凡事都往上面推、叫主管頂。

結果，企業主既擔心品牌責任人躁進，又顧慮他們怠惰，搞得自己左右為難，抓不到伸手進入管控的恰當時機。因此有必要設定啟動品牌保護的原則，避免臨事時進退失據，養癰遺患或小題大作。當然，原則不能毫無依據。當「自動尋錯機制」或「公務行為監測」發出警訊，可經由風險分級模擬可能的損害程度，再決定下一步實際行動。

我通常建議企業採用「極低風險、輕微風險、輕度風險、中度風險、重度風險」的五種判定等級。以往實測經驗所得，百分之八十的警訊經過模擬後，會落在極低程度和輕微程度。曾有企業主質疑是否我替他們預置的跡象參數太多（該企業為傳產的貴金屬零售）才會造成警訊觸發過度靈敏？我則認為在使用保護系統的初期階段，寧可敏感一點，也不要把標準放得太寬。

判定風險分級的指標，可直接使用我在第六章講解品牌資產

時的「五內五外」——內在：產服通組網，外在：經忠評關溝，這十個項目便已足夠。

3. 人因危害防範

　　上述一跟二用來處理風險發生的當下，嚴格來說，屬於亡羊補牢性質，尚需搭配未雨綢繆的防範措施，就是制定明文的「Do & Don't」品牌保護規約，其作用有如新聞媒體制定的採訪編輯手冊、金融機構的內部控制及稽核制度法規、資訊業的機密資訊約定、商界的營業秘密規定。

　　我直接套用人因工程學的人因危害，沒有特意修飾，是希望提醒想要保護品牌資產的企業，正視起自於內部人力無心之過帶給品牌的傷害，往往比競爭者所做的陰損更劇烈。

　　2004 年創立的女裝電商品牌東京著衣（tokichoi），從網拍工作室崛起，憑著眼光精準的選品，年度營收曾達二十億元。2013 年之前，兩位創辦人夫妻公私糾葛衍生經營權之爭，雖在 2013 年女方選擇離開後塵埃落定，但營運隨之陷入不振，到 2016 年轉賣給另一家電商，卻依然掙扎，直到 2019 年經營團隊做出更名決定，原本是東京著衣旗下子品牌的 YOCO Collection 反轉為當家品牌，東京著衣則屈身其下。

　　這一連串關於經營權轉移與營運策略轉變的重大事件，連帶使得品牌所受待遇浮沉不定，截至目前為止，YOCO Collection 網

站頁面的主顯品牌卻仍舊是東京著衣，而非當家品牌的 YOCO。一來可見東京著衣在高峰期打下的品牌根基深厚，據我的評估，雖然經歷折騰，該品牌肯定已經從第四層樓的形象層倒退回第二和第一層樓之間的位置，但對經營者而言仍具剩餘價值，當個櫥窗展示品沒有什麼損失。二來，從品牌浮沉不定的待遇可知，現有企業主應該並未從品牌觀點來評估東京著衣的市場價值，這就令人惋惜並憂心了。

實際上，從 2013 年到 2019 年的紛紛擾擾，固然會投送許多負向訊息到品牌印象中，使得認知一致性混濁、意識沉潛深度上浮，鬆動形象基礎。可是基於「消費者現實原理」，如果電商平台能夠維持產品品質在顧客可接受的水準內，相關負向訊息在買賣雙方現實對撞時，根本不會產生槓桿效應，起不了多大干擾。無奈，那六、七年間發生的事，不只是經營權轉移和營運策略轉變，還有產品品質的問題，加上品牌浮沉不定的麻煩，在漫長的整併磨合期，品牌內外在資產淨流出，撐不住形象。

理論上，無論所有權議題多麼惱人，或者創辦人的私人爭議多麼嚴重，爭奪經營權的雙方都應該有共識，再怎麼慘烈，也要全力保護品牌，要在企業和品牌中間畫一條線，非軍事緩衝區的概念，爭鬥勿傷及品牌，否則最終取得經營權的贏家只會拿到一個遍體鱗傷的品牌。

著實難防，當爭議雙方殺紅了眼，會連祖宗牌位都拆了往火

堆裡丟，何況是品牌？而管理品牌的人員連飯碗都端不穩了，又哪有心去跟在天上高來高去的爭議雙方爭取品牌的免戰權？

我既然談人因危害防範，就來設想合理狀況，假定企業主有完整的品牌觀念，假定爭議雙方有維護品牌的默契。該品牌為年資不長的電商產業，適用「公務行為監測」機制。品牌經理（假定有的話）於 2013 年之前應已得知公司發生的種種，用他的專業足以判斷，品牌關係人已然發生行為模式異常的錯誤，宜啟動品牌保護機制，持續透過行為監測密切關注是否觸及紅線，必須向當事人力陳切割品牌免受波及，並適時提請股東出面干涉。因為錯誤主體為企業主，區區經理難憑一己之力阻止該行為模式的繼續擴大，為了及時保護品牌，要立即進行風險分級評估，提報股東或當事人做決策。

我來事後諸葛一下，用「品牌風險分級」來判定等級。從有爭議的風吹草動開始到女性創辦人 2013 年離開，可歸於輕度風險；2015 年前因營業下挫，便歸於中度風險；2016 年轉賣後到 2018 年，由於經營換軌、營業未見起色，品牌已明顯曝露在高度風險中，等到了 2019 年品牌更名，也沒有評估風險的必要了。

4. 系統化設計

保護品牌倫理的前三個步驟是執行重點，後面的三個步驟則是行政程序。將前三步驟予以系統化，該用程式自動管控的、該

用人力觀察蒐集整理的、該用 SOP 規範的、該用行政命令授權的，一次到位。

5. 試運行與調整

根據試行階段的回饋資訊，找出會令前述系統化設計失靈的問題節點所在，並設法排除解決。例如 CEO 不願行政授權，在溝通無效後，試試在不影響一至三項步驟的前提之下，限縮授權內涵。如果還是無法獲得授權，可能代表 CEO 不認同品牌倫理下設的保護機制，身為一位受雇的品牌經理，那麼也無計可施，沒什麼好強推的，乾脆撤案。

6. 確立品牌倫理

其實就是公告周知的意思。並且用內部教育訓練凝聚企業全體共識，為品牌保護機制的順暢運作預立氣氛。

如何從 Brand 到 Branding?

品牌在市場歷經淘洗，如一塊藏在石頭裡的璞玉，要想成材，勢必依靠人為規劃琢磨，始成原料，再經精細雕琢，方成玉器。品牌從一個「印象投射標的」的牌子，養成一個「在消費者心中擁有足夠印象的一組符號，逐步堆疊成特定形象，對消費行

為具有影響力。」整個過程充滿轉折和歧途，完全沒辦法任由其自然成材，必須動用大量財務與人力資源，一路人為操作。

我用工程學的概念來理解品牌，來組成我的品牌知識架構，來發展品牌化作業。在我眼裡，Brand（品牌）和 Branding（品牌化）差的這個動作就是工程學。

進一步解釋品牌化之前，先來說說商品化。為什麼？因為第十章的主題「產品的現況決定了品牌的未來」，詳述了產品角色之重要，無與倫比。坦白說，品牌如果不替產品而生，有何存在意義？消費者可能進入賣場單獨把品牌買走嗎？合乎邏輯的對應關係是，商品化包含了行銷和品牌化這兩個內涵，這關係不好用中文解釋，改用英文一目了然：

Commodification = Marketing + Branding
簡寫：C = M + B

商品化的大意是，想在既有市場環境以及交易條件下，把沒有買賣價值的物品轉變成可以交易的產品，必要借助於整個市場的系統化運作，套用或多或少的機制、組織、流程、工具，靠產品搏取最大的利益。而一般常說的 Merchandising，則是能夠實際落實商品化的計劃，例如產品產製計劃、通路鋪貨計劃、定價計劃、傳播計劃等等。

商品化是整個市場系統化運作的統括概念，它下轄兩個實際

圖 12　品牌力 vs. 行銷力操作進程

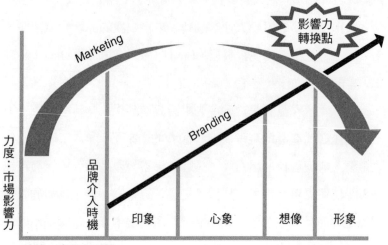

操作的雙主力──行銷力與品牌力。此兩種力量的操作程序分別名為 Marketing、Branding。

　　如圖 12 所示，新創企業或者推出新產品品牌的既有企業，在執行商品化時，行銷作戰一定由 Marketing 負責攻擊發起。在搶進市場灘頭堡的攻堅戰役，Marketing 可以像海軍陸戰隊般，以獨立軍種作戰，集火單點突破，攻破對手的行銷弱點，例如在定價策略做文章，祭出讓利定價法（Customer-oriented Pricing）來破壞競品的浮脂定價法（Market-Skimming Pricing）；或者小量出貨第一通路，主推第二通路，避開跟強勢競品硬碰硬的通路戰。當然，

Marketing 也可以多軍種協同作戰，前提是後勤支援充裕，而且有夠專業的市場攻略實力，從陸戰的通路鋪貨率和銷售促進，到空戰的網紅推薦和直播帶貨，戰法不一而足。

　　Marketing 在行銷戰場的表現，可類比成步兵跟著機械化車輛在戰場堅壁清野，偶爾搭配海空打擊能力，再強一點的會有火炮掩護射擊，直接轟進敵佔領區，如使用促銷方案喚醒競品顧客的「消費者現實」，靠現實對撞攻破競品顧客的心理防線。

　　Brand 呢？當 Marketing 大殺四方或被四方圍剿的時候，品牌在哪裡？難道不挺身而出、請纓出戰嗎？容我再做提示，這裡舉的例子是新創企業，或既有企業推出的新產品品牌，後者的母企業品牌與旗下其他產品品牌固然有可能掩護新產品品牌，但多半情況下，只有家世背景特別突出的優勢企業，有能力護送新產品品牌首戰即攻佔，家世背景普通的新產品品牌，還是必須浴血奮戰，靠著 Marketing 殺出血路。

　　根據「企業做的所有事，都是品牌的事」，品牌是果，包括行銷在內的一切企業做為是因，有因才有果。Marketing 先行，Branding 的力量則落後一段時間，在這段時間，至少要等 Brand 在四層樓架構的第一層，累積相當印象，開了將近競品十分之一的印象帳戶，Brand 才能從積存的印象獲取底氣，稍具戰力，參與市場爭奪戰，多少幫 Marketing 一點忙。

　　至於品牌在品牌化完成後的戰力如何？我還是沿用軍事來比

喻。進入第一層印象層的品牌，戰力可類比為迫擊炮，輔助攻擊而已，射程短，殺傷力有限，屬攜行式戰鬥武器。

進入第二層心象層的品牌，戰力大幅提昇，可類比為長程火炮或短程導彈，展現精準攻擊能力，但打擊涵蓋範圍尚不足，屬定點式戰術武器。

進入第三層想像層的品牌，即具有獨立作戰能力，可類比為機動部署的中程導彈，精準之外，打擊範圍廣，威懾效果強大，屬移動式戰術武器。

最後，進入第四層形象層的品牌，戰力令人戰慄，可類比為長程彈道導彈，專門針對競品施予戰略性打擊，有時強到可以不必協同行銷力，即可自行獨力碾壓對手，屬移動式戰略武器。

日本第一大眼鏡連鎖品牌「眼鏡市場」（Megane Ichiba）2020年在台灣開出首間店，主打日製品質和友善價格。該品牌的日本社長曾說：「實現大家的幸福，並創造微笑」我知道他口中的幸福和微笑，並非什麼經營理念或核心價值等抽象空話，而是靠著提供「消費者剩餘」在紅海市場崛起，大眾在這家日本第一的眼鏡店實際交易的支付成本，跟最後完成交易以為會付出的成本相比，有著頗大落差，實現了消費者剩餘，給了顧客幸福的感覺，並讓顧客因滿意而微笑。

也就是說，品牌選擇了理性認同的建構通道，在交易過程，運用產品品質與價格優勢跟消費者現實對撞，具體實踐了消費者

現實原理，對撞出的精算剩餘支撐品牌印象在四層樓架構中逐層穿透。

我在該品牌開出第一間門店時，便到店探詢，一開始沒有想要配眼鏡，只是想清楚了解，以免惑於銷售話術。駐店技師的解說，制式但還算自然；鏡架的標價等於整副眼鏡配到好的價格，很合算。其實真正說服我的，是我請技師幫忙調整使用超過十年的舊眼鏡，框架似有歪斜與從鼻樑滑落狀況，經他調整過的舊眼鏡，戴著十分舒服。

我第一次接觸眼鏡市場這個陌生品牌，它就向我投送了正向的印象，而且跟以往本土眼鏡連鎖店給我的印象相比，它在我腦中眼鏡店的記憶階梯上的位置已經超越好多家老品牌，即使我還沒有消費經驗，它在我的印象帳戶裡就有了存款。它乾脆坦率的售價，加上明顯接受過待客培訓的店員服務，如同迫擊炮朝我心裡轟了幾發，我心動但尚不為所動。

因此，對我而言，我對該品牌雖然已有不錯印象，但僅止於淺層印象，離 Branding 還有距離。

之後搜尋到一些網路社群的口碑評價，另外問了一、兩位朋友的消費經驗，覺得消費風險低，於是再度造訪。技師很有耐性的講解近視、老花、散光的關係，之後請我先驗光，驗光過程比我以前在眼鏡行驗光要科學。驗完的數字嚇一跳，我雙眼的度數遠低於現有眼鏡度數，或許是老花折抵掉一些近視吧？但會差到

一百多度嗎？

我麻煩技師複驗，他還是耐心地走完全程。從驗光、配鏡、等待、取件、微調的全程體驗，高度滿足了我的消費者精算剩餘，使得該品牌穩居印象層，已堪稱準 Branding。

新眼鏡的佩戴情況良好，又陸續知道該品牌提供顧客的優惠待遇，如一定時間內損壞，可以免費重配一副一樣的。

同時我幾次經過該店，進去請店員幫忙調整鏡架或超音波清洗，再確認他們採用的是制度化管理與系統化服務，讓我找不到偏離既定印象的負向表現。兩年下來，它堂堂進入我的心象層，在其中韜養，準備在下一次交易後，由心象層推昇到想像層，品牌便能發揮如中程導彈般的 Branding 威力，跟 Marketing 分庭抗禮。到那時候，就算該品牌保守操作 Marketing，我仍願光顧。

你一定會問，我與該品牌的接觸經驗有好幾年了，既然我的主觀評價很好，不停補給正向印象到帳戶中，為何還沒抵達形象層？我相信，眼鏡市場有少數接觸體驗與交易經驗俱多的顧客，或許已經安抵形象層，但人數離發揮市場影響力還差很多。像我這種仍在心象層徘徊的顧客人數應該比較多，而始終佇足在印象層的人則佔絕對多數。因為每個人的接觸頻度有差、消費經驗有別，對現實對撞點的抵禦能力有高有低，所以它的顧客會分散在四個樓層。

然而，不會是平均分散，而是漏斗形的初始分布型態。畢

竟，它來台灣才短短兩年多，能夠把品牌化做到如短程導彈的心象層，算得上夠專業了。但無論再怎麼努力，它的品牌化進程離長程彈道導彈的戰略層次，路途還遠。在 Brand「ing」持續進行、長成根深幹粗的大樹之前，經營者可別把小樹當大樹，對自己的品牌過度自信，還是要多投注資源在 Marketing，定期確認品牌真實象位（可回看第五章），等到調查顯示至少有三分之一的核心消費者認同形象位，Branding 才能正式成為戰略武器，有獨立攻略市場能力，也就是抵達圖 12 兩條曲線交叉處，這可不容易。據我觀察，一半以上的台灣品牌，在市場生存幾十年，卻還沒有實現 M 力和 B 力的黃金交叉，那些企業通常自以為有品牌形象，事實上如做真實象位分析，大概到二、三層樓而已。從投入第一線業務和行銷的資源消長可以約略查知，如果業務行銷資源沒辦法減供，一旦減供就無法支撐銷售的話，足以旁證品牌力陷入發展瓶頸，無力當 M 力的後盾，概念可見圖 13。

　　M 力和 B 力這兩條線很實用，能夠當作企業分配行銷預算的參考，也能指引品牌操盤人找對方向、用對力量。

　　從 Brand 到 Branding 的漫漫長路，並不好走，為了盡可能排除人因危害，引進工程學的精神，設計制度化管理以及系統化作業，確有必要。

圖 13　品牌化進程停滯示意

做品牌的第八步：撰寫品牌化計畫

一份文件資料的立案成形，理應包含文字陳述、邏輯辯證、觀點論述，並輔以數據分析、圖表展示。我相信眼睛看到的推理，不相信藏在人腦裡、卻不立文字的想法。

我曉得很多老闆喜歡用所謂一頁式報告，要求員工提案時只能用一頁陳明，或只給三分鐘說明，簡直莫名其妙。也許有些領域的事可以一頁或三分鐘講明白，但 M 和 B 的事務，能用一頁說清楚的都是雞毛蒜皮的小事，牽涉決策的大事如何「一頁式」？

硬是強迫那麼做，是逼使責任人略去過程、只講結論，形成結論的推理過程若有誤，那結論會正確嗎？你有天縱英明能從三分鐘的說明聽出構思或推理過程的謬誤嗎？大企業老闆底下兵多將廣，還可以要求部門主管細看後再濃縮成一頁結論或三分鐘簡述，可是中小企業主是老闆兼部門主管，可沒有條件誤信「一頁式報告」或「三分鐘說明」。

　　我要說的是，別只靠一張嘴說你要如何操作品牌化，唯一正確的做法是一步步為你的品牌做出計畫。計畫的格式呢？就是我在本書各章小標題寫的「做品牌的第 X 步」。做計畫時照這八步，步步為營，不難做出有分量的品牌化計畫。我把這八步一次羅列於後，方便你運用：

Step1. 管理印象帳戶 → Step2. 挖出品牌脆弱點 →

Step3. 確認真實象位 → Step4. 建立品牌管理系統 →

Step5. 品 牌 力 評 鑑 → Step6. 慎 選 建 構 通 道 →

Step7. 從產品提煉成見 → Step8. 撰 寫 品 牌 化 計 劃

即學即用

1. 在建立你企業的品牌倫理前，先將近幾年有礙或有傷品牌的人為錯誤，進行性質分類。

2. 你的企業是否有足夠資深的品牌管理人才來撰寫品牌化計畫？如果沒有，應如何因應？

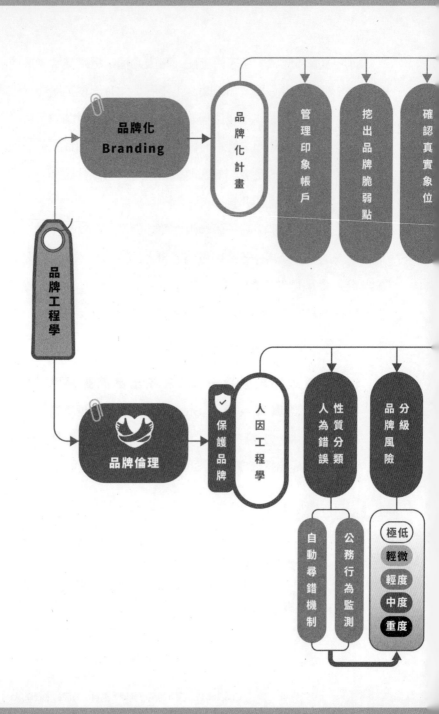

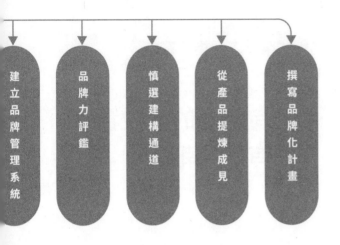

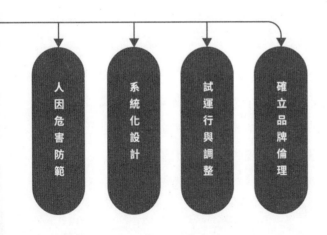

品牌觀念流程圖 11

確保成功的工程學

品牌化需靠計畫,才能落實;品牌需靠倫理保護,
才能永續。兩者全都屬於精密的工程學範疇。

給品牌一個有誠意的好位置，
會有好回報

　　執掌品牌推廣的外部人，或者職掌品牌管理的內部人，雙方同感有心無力之處，不外乎明明知道「企業做的所有事，都是品牌的事」，無奈有責無權或人微言輕，眼前事都推動不了，何況涉及橫向協調的未來事，更加阻滯不通。我曾為一家中型連鎖業者講授品牌課，該公司兼管品牌的整合傳播經理很進入狀況，課後用了數月時間製作一份品牌整改報告書，詳細列出應興革事項，他詢問我的意見，我提醒規劃正確但時程太短，要在那麼短的期間執行所有項目，內部勢必天翻地覆，光應付紛至沓來的反彈聲浪就會心力交瘁。

　　他從善如流，將時程由一年半延長到三年。可惜他還是壯志未酬，興革項目一減再減，工作進度一延再延，起因於他的位階不足以跟其他部門主管平行溝通，遑論平行協作，加上高層擋不

住部門主管們因本位主義而消極以對，頻踩煞車。他急在心裡，眼看企業因轉入資本市場而加速擴張，但陳舊的品牌跟不上擴張速度，卻礙於無法開展平行協作，導致企業做的大部份事情，都無法與品牌策略同調。

先做一點，以觀後效

類似情況實在罄竹難書。台灣還要折損多少有心無力的專業品牌經理人？還要錯過多少養成品牌的機會？還要耽誤多少給產品裝上翅膀的時機？還要不要謀求直面末端消費者的產業轉型？還要不要繼續像逐水草而居的遊牧民族把工廠搬到生產成本更低的地方？

我知道很多企業主沒空讀書，麻煩看到本書的朋友，轉述第四章的重點給老闆聽，因為興可從下起，但革必由上始，品牌的運操在經理人手上，但品牌的命則握在企業主手中。

我當時雖然建議那位整合傳播經理拉長推動時程，但由於對該公司了解不深，未能通盤考量管理高層的治理風格，因此並未提點她「點到為止」的原則。

這原則不能用字面意思來解讀，並非教人做表面功夫，而是在積習成疾的組織中，先迂迴掉平行協調作業，避免上述的本位主義侵擾，集中專注在自己能夠操控的事務，也就是先顧好某一

個重「點」，做出成績，再徐圖第二、第三個點，點連成線，等局部推廣品牌的氣勢出來，最後才好取得全面展開的授權。

當然，點到為止的缺點明顯，形同頭痛醫頭、腳痛醫腳，一般不要輕用，可是在重重關卡阻滯下，品牌經理人總不能執意闖關、飛蛾撲火，又不能尸位素餐、毫無建樹，總得在現況下求點表現。因此，點到為止的行事原則是我的良心建議，也是我在服務台灣傳統企業時會私下跟企業主商量的妥協之道，得到認可再教導經理人用「品牌化工程試做」的名義，卸除其他部門主管的戒心甚至敵意，啟動點的作業。

我再次強調，絕對不可以把包括傳播在內的外在感官印象投送等同於企業自發的訊息與訊號投送，兩者在數量與來源的差距，不可同日而語。傳播的確有操之在我的優點，用於投送企業理想中的印象，有其方便性，但萬一食髓知味而傳播成癮，獨寵形力卻輕慢了質力，終究誤會一場。所以在你繼續往下看之前，應該先回看複習第七章「沒有質形力，哪來的執行力」，做好心理建設再使用「點到為止」原則。

運用傳播投送印象時，不管視之為整體推動品牌管理的一環，還是因無力整體推動、不得已點到為止，操作上要守的觀念沒有差別。

我在第二章談到的幾個重點，例如「企業投送的品牌呈現，以記憶的形式存放在社會大眾或消費者腦海中」、「均質化操作的

必要……找一個平均做到 7、80 分的品牌呈現」、「藉由標準化作業流程擬定品牌呈現計畫,可保障……印象做到認知一致又深層沉潛」這些論述全部跟本章的主題有關,我要讓你在實際操作傳播時,懂得如何握穩品牌方向盤來操控傳播這輛吃油很凶的車,在合乎傳播效率的前提之下獲取傳播效益。

當然,第二章已提醒你,無論怎麼操作品牌呈現,「產品、企業是品牌的兩大護法」。意思是,無論你怎麼駕駛傳播這輛車,都必須確保車子開在產品和企業的雙線道上,經由產品與企業來校準傳播內容,不用過度的產品承諾包裝傳播。

我認知的品牌傳播涉及一切自發性投送的訊息和訊號,探討範圍主要環繞發訊、受訊、訊息這三件事,期望找出更有效支援品牌印象的傳播方式。理論上,如果研究項目足夠廣泛,可以發展成品牌傳播學。我先拋磚引玉,提出一個跟品牌主動投送出去的訊息有關的論點,供你即知即用,多少有助於校正執行傳播時對待品牌的方式。

場景再怎麼不同,還是離不開場域

我對於許多泛傳播業者偏重創意包裝卻忽視訊息內容,不以為然。像網路的標題極盡聳動之能,費盡心機鉤到受眾注意,並引發好奇點閱,但進到內文,通常看到的是複製貼上的銷售文

字，沒有好好運用撰文技巧寫成一篇耐讀的文案，經常連通順都不顧，只剩急切的銷售意圖，平白浪費了一次溝通機會，更虛擲了一次投送品牌印象的機會。要知道，每個被釣進去的受眾都是投送品牌訊息的大好對象，其中少數人會願意閱讀文案，他們自願打開感官接受品牌訊息，無論所接受的印象深淺，在感官接受的那一刻，就等於成功地把品牌呈現儲存進他的印象帳戶，這是多麼珍貴的事。在受眾打開感官窗口的短暫時間，耐讀的文案能把訊息轉成深刻的印象，而隨便寫寫的文案雖然還是將印象丟入感官窗口，但僅是浮光掠影般的印象，攀附不住。

有的人會反駁說，被標題引誘而點進去的，應該就是有興趣的人，既然有興趣，跟他們直來直往，不搞氣氛，不玩文字遊戲，提出銷售重點，難道不正符合所謂「消費者現實原理」嗎？

這說法將消費者現實原理用在了錯誤的環境，犯了語境問題。因為觀者從標題進到文案，傳播場景的確轉換，但還是在同一個傳播場域中，跟銷售現場無法相提並論，我所說的消費者現實在傳播場域根本未萌發，受眾不會跟文案產生現實對撞。因此，在傳播場域的文案應撰寫成傳播語言的樣子，不能寫成銷售語言。

無奈太多寫手在撰寫文案時，不會考慮品牌印象的問題，比方說，你如果仔細閱讀，很容易在文案中發現錯字，許多文案不但放棄了修辭，連基本的通順都做不到，這反應出寫手面對第二

層傳播場景的輕忽心態，他們把所有力量投入第一層傳播場景的標題撰寫上，卻有意忽略轉進第二層傳播場景的文案。

在傳播場域展示的創意包裝術，身為攫取注意力的主角，當然能夠投送令人印象深刻的品牌呈現，但身為承接後續注意力的細部內容，其實也一樣具有投送品牌呈現的能力，而且可能比一般人以為的更有價值。企業為攫取每個投送印象的機會，絕對要做好創意管理，要求在傳播場域的每一層場景轉換，一視同仁。

舉例來說，我經常參觀各類商品展覽，常看到如下狀況：一場新品展示活動，展場外有標明新品資訊以及露出品牌的看板，當傳播場景轉到展場內，有旗幟或人員手持標牌引導，同樣揭示新品和品牌。場景再轉到攤位，大概因為注意力都集中在新品上的緣故，竟然沒有標示品牌，這算低級錯誤。要知道，人潮流動的展場外、潛客雲集的展場內、接待潛客的攤位前，全部在同一傳播場域，理應受到一致待遇，不該在受眾最接近銷售的場景，忘記品牌的存在。

再舉廣為企業使用的傳播工具廣告影片為例。常常見到把品牌名小小的放在結尾鏡頭，好像品牌名羞於見人，或是生怕太大的品牌名干擾畫面美感。事實上，品牌名絕不能被當做小媳婦，畢竟它是廣告影片訊息的必要印象聯結，不可為了突顯產品訊息而犧牲掉品牌名。

日本廣告影片經常在結尾鏡頭出現品牌名時，搭配上一小段

品牌識別音（Jingle），為的是加強受眾對品牌的印象，這是很值得效法的技巧，反映出日本傳播業者有正確的品牌觀念。台灣在上個世紀有段時間流行替品牌名量身編製品牌識別音，但現在少見了，不僅 Jingle 少見，品牌名也愈擺愈小，一副擔心品牌影響畫面氣質的樣子，這個現象代表台灣傳播從業人員欠缺正確的品牌觀念。

不只廣告影片的結尾品牌字幕受到不公平待遇，一大堆訊息內容也跟品牌同樣命運，都被怠慢輕忽，例如點擊關鍵字後的連結文章、海報上的說明文字、產品包裝上的情境照片和小字、展場立牌的產品規格……經常會發現處理訊息內容的輕慢態度。

在數不完的傳播載體工具上力求表現的訊息內容，本質上都是企業主動投送出去的品牌呈現。持平而論，這些遭到忽視的訊息內容，相較於創意表現的主體如廣告影片的劇情、海報的主視覺、立牌的代言人照片，不得不承認確實嫌枯燥乏味，的確並非注意力獵取的首要目標，然而它們的存在肯定有著比一般人以為更重要的意義。

傳送出去的訊息會冬眠

我的品牌傳播核心思考由數個我深信不疑的的傳播學理論共構而成，其中之一是卡爾·霍夫蘭德（Carl Hovland）的「睡眠者

效應」（Sleeper Effect）。此理論影響廣泛，引出許多衍生研究，我純粹從實用主義角度擷取理論中的部份要點活用之，「弱水三千，只取一瓢飲」也算在品牌傳播領域發揚大師的理論。

霍夫蘭德用實證心理學深究傳播之所以發生效果的原因，聚焦在三個因素的交互作用：發訊源、受訊者以及訊息內容。衍伸說明一下，實驗得知，根據發訊源的差異表現，如有的訊息包覆在精采有趣的表現中，有的訊息包覆在平淡無味的表現中。精采有趣的表現成功攫取受訊者注意並完成印象投送，而平淡無味的表現顯然未獲受訊者青睞，在印象投送的表現上相對遜色。

然而隨著時間推移，包覆在平淡無味表現的訊息內容，竟然隨時間逐漸清晰浮現。相反的，受訊者對發訊源，亦即包覆訊息的「表現」，卻隨時間逐漸模糊淡忘。

被包覆的訊息內容形同從沉睡狀態甦醒，並開始發揮影響受眾態度以及改變行為模式的作用。

換言之，在受眾腦中，發訊源和訊息內容會被分開處理，發訊源的效期快但短，而訊息內容的效期慢但長。還是用廣告影片為例，劇情精采的創意表現等同於發訊源，而影片的旁白、字幕、標語、品牌名，等同於訊息內容。剛看完影片，一定對精采的創意表現印象深刻，對訊息內容的印象相對模糊。內容似乎進入類似冬眠狀態，蟄伏在腦海，等到發訊源的印象由清晰變模糊、由模糊變淡忘，訊息內容會從冬眠狀態醒來，影響受訊者看

待品牌的態度。

　　二十世紀的傳播學理論，不少已被當代網路傳播改頭換面，但其中有些依據心理學和社會學實證方法探究出來的論述，並非百年時光所能輕易推翻。

　　我個人對霍夫蘭德領銜的耶魯學派甚感興趣，睡眠效應使我在看待品牌傳播的立場更加務實，會特意計較傳播內容如何不被傳播包裝（創意表現）犧牲掉。

　　這種計較實在有些反主流，畢竟大家在傳播上還是重視打頭陣的創意表現，也就是發訊源，會花在細究內容上的精力少很多。

　　以產品型錄為例，資深製作者處理完型錄封面與內頁的主視覺和標題，習慣性的交給資淺製作者接手處理內頁細部設計與文案撰寫，若依照人力運用效益，這樣分工沒有錯，但若按照睡眠者效應，發訊源由經驗豐富的資深者負責，訊息內容由不夠成熟的資淺者負責，並非明智做法。

　　合理的傳播製作要設法在發訊源和訊息內容取得平衡，別像倒向一邊的蹺蹺板般「重源輕容」，應慎重處理每個內容元素，採用對待創意表現的同一標準，透過細密的計劃完成內容，再用創意表現包覆，始可期望發生睡眠者效應，讓訊息內容在消費者腦中甦醒。

　　我自己是廣告創意出身，怎麼會不知道創意的難度？假設精采創意的難度是五，能夠平衡蹺蹺板兩端的創意難度是八，能夠

在有限製作預算下，發想出平衡蹺蹺板創意的難度就是十了。所以傳播服務業者會拚命說服企業接受非平衡型的創意，理由很簡單，因為挑戰平衡蹺蹺板創意，常常會犧牲創意（發訊源）的精采度。你認為傳播服務業者寧可犧牲創意或是犧牲訊息內容？

小心冬眠變長眠

　　你記得三洋維士比廣告影片的具體劇情表現嗎？但你有可能還記得「啊，福氣啦！」。你記得保力達B廣告影片的具體劇情表現嗎？但你有可能還記得「明天的氣力（台語）」。你記得蠻牛廣告影片的具體劇情表現嗎？的確可能，因為比起維士比和保力達B，正在閱讀本書的你對蠻牛的關心度和涉入度比較高才對，但是你應該更記得「你累了嗎？」這個訊息內容吧。

　　比起劇情，這幾個廣告的關鍵句，有的像 Campaign Theme（傳播活動的訴求主軸）如「你累了嗎？」，有的像 Slogan（標語）如「明天的氣力」，有的其實只是一句台詞，如「啊，福氣啦！」。其中有刻意設計成為記憶點的，但也有無心插柳的。你對這幾個廣告的發訊源（創意表現）逐漸淡忘，卻對屬於訊息內容的主軸、標語、台詞印象猶存，這正是典型的睡眠者效應。

　　坦白說，在播出前，創作者並無十足把握哪句話或哪個情節會跳出來成為記憶點，意外的驚喜或意外的失落，本是傳播行業

的常態。

　　但無論是刻意設計或無心插柳，創意者偏愛發訊源而冷落訊息內容，是無可否認的事實。如果你所做廣告的訊息內容無法做到像「你累了嗎？」這樣的標準，一旦平凡的內容被精采的創意掩蓋，訊息內容如一顆遭到窒息的種子，會沉睡不醒，永遠無法從冬眠狀態甦醒，出現反睡眠者效應。

　　在探討睡眠者效應延伸應用於傳播領域的時候，必須特別留意不同傳播業種的領域特性。在新聞傳播領域，會出現睡眠者效應的典型反應，如新聞播報員是發訊源，新聞就是內容，播報員的亮眼表現導致內容在受眾腦中沉睡，但內容會隨時間而復甦。

　　至於廣告之類的傳播工具，固然是企業能有效掌控的主動印象投送憑藉，但具有先天缺陷，受眾一定曉得「那是試圖來影響我的廣告」，在接收廣告時會打開心理警戒，過濾進入感官的訊息內容，使得廣告內容無法像新聞內容一樣無礙進入並取得在受眾腦海中沉睡的位置。因此創意的目的之一就是希望降低心理警戒，用情節娛樂受眾願意接受訊息投射，同時要精心設計內容，不讓受眾過濾掉內容。當創意只為娛樂受眾服務，卻不替內容服務，內容根本難以閃躲過濾，連床位都沒有，談何沉睡？

　　仔細想想，有多少創意精采的廣告，你卻完全不記得它們的訊息內容，很多吧。反倒是有些創意平平但有刻意雕琢訊息內容的廣告，你還想得起來部份內容。床位權！傳播管理的重點之一

在於替內容爭取受眾腦海中的床位。娛樂傳播業的內容可以輕鬆進入受眾內心，新聞傳播業的內容可以順利進入受眾內心，廣告傳播業本質上需要對抗受眾的心理警戒，必需動腦筋協助訊息內容取得床位權，內容先著床，之後才有沉睡，再之後才有甦醒。

到這裡，你應該可以理解傳播管理要包含品牌傳播在內，堅持訊息內容跟創意表現的平等，堅守品牌在傳播中的應得位置，確保每一次的訊息和訊號投送都是有效的印象累積。

有個重要的東西失蹤了

舉兩個話題廣告來說明什麼叫做雕琢訊息內容。

孫女騎腳踏車不小心壓到睡著阿嬤的腳，孫女哭著說「阿嬤，妳怎麼沒有感覺？」很精采的創意，成功閃躲受眾心理警戒，讓這句可能是無心插柳的關鍵句取得床位並沉睡。但問題沒有那麼簡單，你記得創意，也記得這句關鍵句，但你記得產品的品牌名字嗎？

訊息內容佔了床位，也發生了睡眠者效應，但引發睡眠者效應之前少了一個動作，這個動作就是：在訊息內容預先埋設品牌名，或預設能聯結品牌的元素。

你還在想「阿嬤，妳怎麼沒有感覺？」的產品品牌是什麼嗎？暫且擱置吧，我們先談另一個話題廣告，維骨力。

它的廣告創意達不到精采程度，有些還頗直白，在創意級數上輸給孫女騎腳踏車的「循利寧」（啊！對噢，就是這個品牌名字啦）。雖然維骨力創意的心理警戒閃躲能力不如循利寧，但畢竟同樣是中高齡者高關心度和高涉入度的產品，在密集精準播放的條件下，仍然可以入心。

維骨力在不同廣告打造了好幾個關鍵句，其中有一句「骨頭先生」，我認為具有預設聯結的作用，當這四個字的簡單訊息從沉睡中甦醒時，多少能夠協助受眾聯想起品牌名。加上「先生」是日文發音的醫生的雙關語，很顯然是有意要讓受眾做出第二個聯想，強化權威印象。

依我從事廣告傳播的經驗，「骨頭先生」這四個字非常厲害，是精心雕琢的訊息內容，效果超越「阿嬤，妳怎麼沒有感覺？」。我前面舉的三洋維士比「福氣啦」、保力達B「明天的氣力」，訊息的雕琢程度都還無法跟這四個字相提並論。

骨頭先生跟維骨力之間的微妙關係，可以提醒企業該怎麼管理品牌傳播，要嘛是在訊息內容埋入品牌名，要嘛是預設能聯結品牌的元素。總之，別輕易放過讓品牌曝光露臉的機會。

不要紅了那句話，卻忘了那品牌

以下耳熟能詳的關鍵句，你能說出它們的產品品牌名嗎？

1. 張君雅小妹妹，妳家的泡麵已經煮好了。

2. 肝若是好，人生是彩色的；肝若是不好，人生是黑白的。

3. 讓我幾乎忘了它的存在

4. 學琴的孩子不會變壞

5. 是電腦選的喔

6. 有點黏又不會太黏

7. 男人千萬不能只剩一張嘴

8. 殺很大

9. 生命就該浪費在美好的事物上

10. 不在乎天長地久，只在乎曾經擁有。

　　站在品牌管理的立場，幫品牌爭出頭，對傳播多做要求並不過分，但的確可能強人所難，因為要創作具話題性的訊息內容已經很困難，還要把品牌不著痕跡地置入，更難。

　　然而，起碼應該表現出尊重品牌的態度，心甘情願地視品牌為組成訊息內容的必要元素。我要說的是，當企業端的品牌操盤人和傳播服務端的從業者，能用同樣的標準對待品牌，才能扭轉傳播操作面重源輕容的問題，讓品牌得到更好的照顧，而非淪為有放就好的灰姑娘角色。宣布答案，看你答對幾題。

1. 維力手打麵

2. 329 許榮助保肝丸

3. 摩黛絲（Modess）衛生棉

4. Yamaha 音樂教室

5. 愛之味花生牛奶

6. 中興米

7. 鳥頭牌愛福好

8. 殺 online

9. 曼仕德咖啡

10. 鐵達時（Solvil et Titus）

企業主要懂得一個道理，拚命為你的品牌爭取露臉出頭的機會，是你的天職。在你付錢買的傳播內容中放進品牌，是你的權利。品牌絕對要在精密的構思下成為關鍵訊息內容的一部份，附在發訊源的創意上一起突破受眾心理警戒，然後找到床位沉睡，等待甦醒。

以下幾個例子告訴你，這是做得到的。

1. 只有遠傳，沒有距離。

2. 華碩品質，堅若磐石。

3. 感冒用斯斯。

4. 全國電子，揪感心 A。

5. 達美樂，打了沒？

6. 多喝水沒事，沒事多喝水。

7. 足爽擦一擦，就不癢（廣告歌曲的部份歌詞）。

8. 這不是肯德基！

9. 全家就是你家。

10. 益可膚，每油油，殺菌好。

誰比較在乎品牌在傳播佔的份量？

諷刺的是，愈是標榜高大上形象的品牌，在處理傳播訊息內容時，愈是給品牌穿小鞋，一副既然高大上就要讓品牌「低小下」（低調、縮小、下放）的感覺。

已經擁有穩固形象的國際強勢品牌或許有資格這麼處理，但絕大多數的台灣品牌沒有搞低小下的條件。反倒一些本土氣息重的品牌，縱然欠缺完整的品牌觀念，可是在傳播上對待品牌的態度，出奇地正確，毫不掩飾地在廣告等傳播工具上大肆宣揚品牌，不僅在訊息內容中預先埋設品牌名，而且總是一而再、再而三地重複品牌名，是嫌吵了點，卻硬是造就了不少成功著床沉睡的訊息內容。

這些本土企業還有個共通特色，它們不看重創意的精采度，不願意把有限的資源花在受眾可能看不懂的創意上，因此它們跟正規的廣告傳播服務業不怎麼契合，通常找廣告個體戶配合，有些乾脆自行發想，再找製片公司拍攝。

襲自傳統的認知裡，廣告就是要發揮原始「廣而告之」的功能，創意不如喚名（台語，高喊品牌名的意思），讓部份人讚賞創意不如讓多數人知道產品。

　　持平而論，我當然不同意創意無用論的極端看法，不管怎麼說，創意的確能挾帶訊息內容閃躲過受眾的心理警戒，尤其處在資訊爆炸兼訊息擁擠的當代傳播環境，發訊源的創意率領內容爭奪受眾眼球，貢獻無庸置疑。可是過於霸王的創意表現，往往造成訊息內容窒息而難以順利冬眠，亦為不爭的事實。

　　我自己也曾醉心於飆創意，阻斷了許多內容著床沉睡，要靠企業在媒體的大量投注支撐廣告效果。事後反省，那時的自己跟眾多廣告傳播正規軍一樣，對傳播應該如何服務內容、應該怎樣對待品牌，欠缺通盤認識。

　　幸好我在那段日子接觸到直效行銷（Direct Marketing，不是傳銷，而是運用多種溝通和銷售技術，直接說服消費者的一套Know-How），並投入實務操作，促使我回到源頭探索傳播效果。

　　我才驚覺泛傳播行業對「效果」的定義與理解，幾乎只侷限於傳播效果或廣告效果，甚至嚴格來說，僅有傳播或廣告效率（Efficiency），而非效果（Effectiveness），遑論是跨接到行銷領域，考量行銷效果了。為了補足這塊不足，引發我鑽研策略的動機，而且是行銷策略，先要求策略精準，再試圖追求創意精采，創意可以不夠精采，但效果不可有失精準。

如何表現對品牌位置的誠意？

當然，最好是想方設法將品牌埋入內容。比最好更好的是，還能夠將品牌轉為創意表現的主體，很難，但並非做不到，重點在誠意。因為品牌的好位置難免排擠創意，想要顧到品牌位置同時保留創意，談何容易？傳播服務從業人員為了要兼顧兩者，要不斷放棄雖然夠精采卻會排擠品牌的創意，然後陷入構思困境。

以我為例，長期替台東基督教醫院規劃公益勸募，該院要替東部癌症病患解決必須長途奔波到北部進行治療的痛苦（往返台東台北，路途長達七百公里，對癌患的身心是嚴苛考驗），向社會愛心人士勸募興建癌症醫療大樓。我要構思一個傳播主軸來貫串整合傳播活動，怎麼想都很難把「台東基督教醫院癌症醫療大樓」的產品品牌預埋入主軸之內，原因很簡單，產品品牌名太長了嘛，再縮也有「東基癌症醫療大樓」這八個字，簡直不可能的任務。

嘗試無數次之後，對其中一個主軸「生命太短，路太長」不忍放棄，但江郎才盡，實在找不到砌入產品品牌的辦法，最後還是決定硬著頭皮使用。在這件案子上，面對品牌與內容契合的難題，我未能突破難關，心中有憾。我在想，如果本土味企業會怎麼做？他們應該會直接用「東基癌症醫療大樓」或「生命太短，東基癌症大樓路太長」、而不會採用「生命太短，路太長」的創

意吧？

雖說創意之魂仍然不時干擾我處理內容與品牌的分寸拿捏，但誠意之靈永遠存在，總是適時出現提醒我創意是為品牌服務的。

在本土企業中，《天下雜誌》集團以一種非常獨特稀有的姿態，展示它同步堅持風骨與專業的企業文化，四十多年始終如一，無論外部媒體環境如何改變，從創辦之初就定下來的品牌內涵未曾動搖。

進入《天下》官網，映入眼簾的第一個訊息不是標榜自己多大、多強、多少營業額，而是企業上上下下奉為鐵律的一句話：「我們經營的是信任」。這既是該企業創辦人終生服膺的新聞理念，也是建構品牌的準則。

《天下》穩居第四層樓形象位。我於 2022 年中承接形象專案，依操作習慣先從外部觀點梳理它的品牌建構通道。自 1981 年成立到 1995 年，它用了台灣媒體少見的深度挖掘以及客觀論述，提供讀者足夠的「新鮮剩餘」，替自己財經媒體的定位贏得信任的「成見」，明顯歸屬為差異化特色的品牌建構通道。

1996 年到 2015 年，我認為《天下》經由深入探訪經濟、商業的心得，認知到財經體質跟社會素質的緊密連動關係，開始注意人文、教育、鄉土、環境、政經、歷史等社會素質面相，耗費巨大資源，以獨立媒體之力，製作了許多前所未有的專題報導，如影響深遠的〈319 鄉向前行〉特刊、〈環境台灣〉特刊、〈知本

宣言〉等，此一階段的定位蛻變為廣義的財經媒體，至於信任的「成見」則未曾更動，持續厚植。

在這期間，更多的消費者經由同類產品互比的現實對撞過程，同意從《天下》取得的知識價值減去購買成本後，擁有更豐富的「精算剩餘」，因此它的品牌建構通道轉變成理性認同通道。在這個各式財經媒體風起雲湧的年代，競品間的異質化縮減，差異化特色難以獨挑大樑，《天下》品牌卻能由差異化特色通道自然換軌成理性認同通道，堪稱憑實力取勝的華麗轉身。

我的觀察，理性認同通道一直到現在仍然開啟運作中。《天下》順應網路崛起，根據消費者的細分化閱讀習慣，發展出多樣化營運模式，一是報導內容多樣化，二是觸及平台多樣化，三是表述方法多樣化。藉由這三種多樣化，不僅成功地數位轉型，而且抵銷掉因媒體環境快速變遷可能導致的營運風險。

從 2015 年前後至今，我察覺到它因勢利導、開啟了第二個品牌建構通道，也就是黏著通道，透過提供不同區隔受眾的分眾報導，給予顧客「專屬剩餘」。如今，理性認同與黏著的雙品牌建構通道，如左右護法般支撐《天下》的競爭力，讓它繼續以獨特稀有的姿態傲立於媒體界。

《天下》歷代領導人對品牌內涵的謹守奉行，同樣反映在它不輕易放行廣告創意的這件事上。如果你仔細翻看《天下》的社內廣告，通常都是資訊告知型廣告，此類廣告較少在發訊源的創

圖 14　《天下雜誌》755 期品牌形象廣告

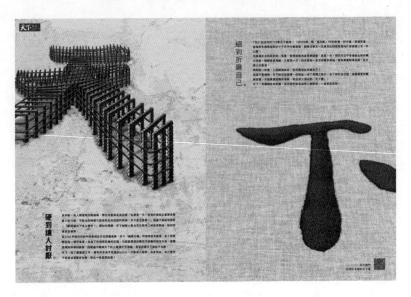

意表現上著力。與其放行不恰當的創意導致戕傷品牌，或因創意過度精采而窒息訊息內容，倒不如謹慎以對。

圖 14 為《天下雜誌》的品牌形象廣告，格局大氣，展現領導品牌氣勢，且具體實現了三件事。

第一，品牌在傳播中不但有位置，還是第一排的好位置。系列廣告直接把品牌名當成創意表現的主體，顯見經營團隊對品牌的觀念正確。

第二，「天下開門──你前所未聞的天下事」，一句話置入兩次品牌名，「天下事」一語雙關，品牌和訊息內容結合得很巧妙。

第三，主視覺、標題和文案如實地傳遞企業文化，創意包裝拿捏得宜，訊息內容不窒息。

四十多年的《天下》，一脈相承地守住品牌在傳播中的位置，它做得到，你也做得到。前提是你要敦促自己和提供你品牌服務的人，潛心思索我提出的十二個品牌觀念，全力運用做品牌的八個步驟。

即學即用

1. 檢查你的主要傳播素材，在發訊源和訊息內容兩方面是否達到平衡？訊息內容是否具有睡眠效應？
2. 你的主要傳播素材是如何對待品牌名的？

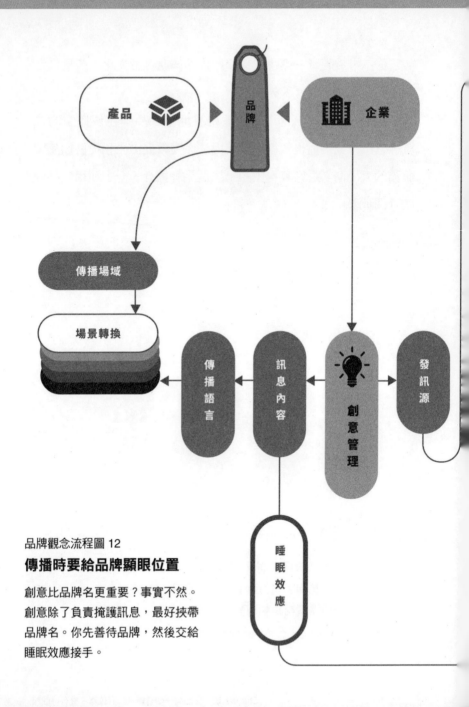

產品
品牌
企業
傳播場域
場景轉換
傳播語言
訊息內容
創意管理
發訊源
睡眠效應

品牌觀念流程圖 12

傳播時要給品牌顯眼位置

創意比品牌名更重要？事實不然。
創意除了負責掩護訊息，最好挾帶
品牌名。你先善待品牌，然後交給
睡眠效應接手。

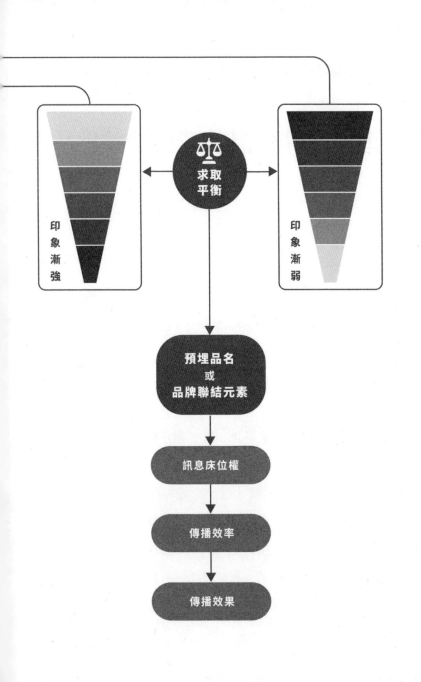

───── 結語 ─────
翻轉品牌，做個社會參與型企業

同理心是深化品牌形象的鑰匙

　　你應該跟我有相同的疑惑。在小吃店吃飯，提袋、背包要佔一張椅子，冬天的外套又要佔一張椅子。一個人吃，得佔兩張椅子，兩個人吃，得佔四張椅子。

　　你還隨時擔心店家請你拿起提袋、背包和外套，好把椅子讓給新來的客人坐。

　　於是，你必須把提袋放在腿上，外套蓋在提袋上，背包呢？只好揹回背上。拿筷子的手在有限空間裡遲鈍運作，飯粒菜湯隨時有潑灑衣服包包的危險。悶哪，這一餐吃得可真委屈。

　　我常建議小吃店老闆，就算不可能像檔次稍高的餐廳在桌下放個置物籃，好歹在桌邊或牆壁釘掛鉤，方便客人掛衣服包包什麼的。但言者諄諄、聽者藐藐，我還是要在下雨的冬天，煩惱背包、電腦包、外套、雨傘該如何擺放。

我曾經向一位手藝很棒的刀削麵店老闆提及掛鉤的事，他跟我算熟，所以也沒跟我客套地說：「我提供客人好吃又不貴的麵，至於衣服、背包那些東西，跟我的專業無關，客人應該自己解決。」

　　好極了，他還真說到了問題核心：為用餐的客人準備掛鉤，到底跟專業有無關聯？

　　樂高（LEGO）跟華納電影公司商談授權拍攝樂高玩電影（The LEGO Movie）系列，在洽商階段樂高提出一個有趣的合作條件，要求參與製作的電影公司人員必須跟樂高積木的主要玩家——兒童玩在一起，親身體會玩家與樂高之間的互動關係，然後才能開始電影的企劃與製作。事實證明，連續兩部樂高玩電影都取得了票房勝利。

　　台灣文具品牌 SDI（順德工業），為了開發更貼近學生需要的修正帶，不侷限於產品改良的一般思路，而選擇深入挖掘消費者使用習慣，鎖定學生常見的轉筆等紓壓小動作，設計出按壓式修正帶，提供足夠的按壓回饋感以及聲音，讓使用者找到購買該產品的新動機。

　　電影製作團隊的專業是拍攝影片，和兒童一起玩積木跟電影專業有何相關？修正帶是處理錯字的專業文具，跟年輕人紓壓有什麼關係？廚師是烹調麵食的專業人士，幹嘛關心客人的背包、大衣怎麼放？但是到了最後，跟孩子們玩，解放了電影人的專業

自傲，讓電影人有了同理心，拍出樂高味十足的電影。探索年輕人的紓壓行為，修正了研發人員的專業執著，以同理心讓產品贏得心理認同。幫客人釘掛鉤，加溫了廚師的專業冷酷，表現出同理心，讓顧客打從心底認同。

有無同理心，正是「專業」與「專業服務」的巨大差別。

起因於服務昇華為同理心，終結於讓消費者對品牌口服心服。當同理心融入服務所產生的微妙變化，竟有著如此異想不到的側效。你說，釘掛鉤這等枝微末節的小事，跟管理品牌有沒有關係？

小心，過度自認專業會遮蔽同理心

過去提到專業，要刻意跟群眾保持距離，才能令人肅然起敬、甚至崇拜。專業人士無需降尊紆貴，而是使用者需俯首就教。因此一旦扛上專業的牌子，等於在自己跟大眾之間築起高牆，專業者睥睨大眾，大眾仰望專業者。現代社會，除了宗教信仰仍舊需要倚靠專業高牆，如整套敬拜儀式來維持睥睨與仰望的不對等關係，其他所有專業項目早就該進化成專業服務，否則很難說服大眾買單。其實，連宗教都體認到服務的必要性，像媽祖有各種 Q 版周邊產品，更能普及人間。

可惜的是，在專業後面加上「服務」二字的觀念，在某些領

域依然遭到頑固地抗拒。身懷絕技，拒絕媚俗於消費者的孤獨達人，固然令人尊敬，但往往由於欠缺同理心，註定難以生存，最終必得面對絕技失傳的遺憾。在市場經濟主宰人類消費行為的現代社會，優勝劣敗不見得是真理，適者生存才是，而且必須是懂得同理心的適者才能生存。

　　企業主謹記，發揮同理心以貼近顧客心，就能取得深化品牌形象的鑰匙。

　　如果你從頭閱讀本書直到這裡，理應明白我用了理性的敘事邏輯，系統化地解析品牌，如同韋伯太空望遠鏡，澈底釐清模糊了很久的品牌知識，一次說清楚前因後果，替品牌操作者與品牌服務業者戴上眼鏡，廓清視野。

　　即使如此，我曉得總是有人難以循著系統脈絡抓到要點，所以我簡要摘取論述中的觀點，用圖表形式呈現，俾便應用。圖15的同心圓圖表，是基於實用考量以及礙於製圖限制，沒有辦法呈現我對品牌的完整觀點，單純提供摘要而已。雖說捨掉的觀點一樣至關緊要，卻是為了扼要呈現的權宜之計。

　　簡明版的品牌工程同心圓，要由外圈朝內看，可視為簡化的做品牌進程。即使簡化了，仍然必須誠實面對「五內五外」的品牌資產，宜精心擘劃、依序落實這十個項目，循序漸進地一一完成，別妄想畢其功於一役。

　　也就是說，再怎麼簡化品牌工程，第二和第三圈多屬調研、

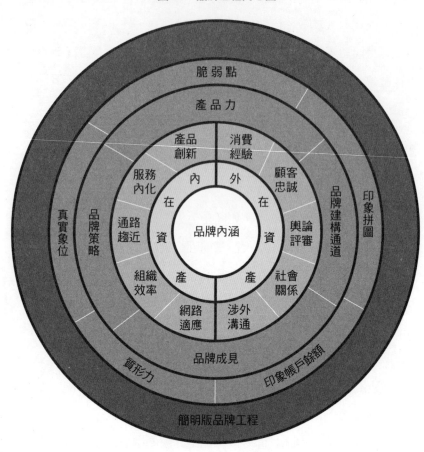

圖 15　品牌工程同心圓

脆弱點

產品力

產品創新　消費經驗

服務內化　顧客忠誠

內在資　外在資

品牌內涵

通路趨近　輿論評審

品牌策略　品牌建構通道

真實象位　印象拼圖

組織效率　社會關係

網路適應　涉外溝通

品牌成見　印象帳戶餘額

質形力

簡明版品牌工程

資蒐、判讀、推論工作，算紙上談兵，進到第四圈才算攻入真正戰場。而你勢必會在第四圈遇到難題，因為「五內五外」牽涉企業的整體作為，是所有品牌工程執行者的「天敵」，或稱之為

圖 16　品牌力深化構成圖

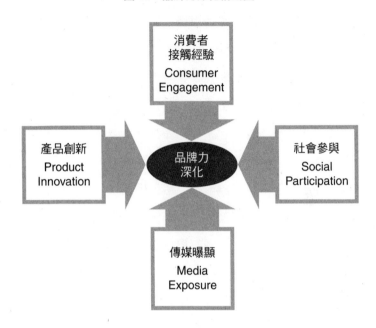

「宿命」比較貼近真實（詳情可回看第六章）。攻防拉鋸間勢必備感艱辛，縱橫捭闔時難免左支右絀，此時，你會懂得有一位品牌觀念正確老闆的支持是多麼幸運的事。

不嚴謹地說，經由品牌工程做品牌，有點像圈粉。企業藉由幾個主要施力點，全力吸引消費者向牌子認同交心，圈進來的群眾如同返巢的工蜂，反饋採得的花蜜給牌子，餵養出具有象徵化意義的符號，讓牌子成材為品牌，連帶讓企業如蜂窩般堅韌。

圈粉的過程就怕掉粉，一圈一掉之間，做了白工。既然好不

容易圈到粉，就要設法不但不掉粉，還能經營出鐵粉，這得靠品牌力深化。接下來，我一樣提供簡明摘要的四項品牌深化作業方向，見圖16。特意給傳媒曝顯一個位置，是鑒於網路顛覆性發展、自媒體活躍，企業變成電影《楚門的世界》(*The Truman Show*) 裡的男主角，在全面監控下競逐市場。企業主不能再抱持操控媒體的舊時代心態，也不能自命清高、敬而遠之，要用敬畏之心看待廣義傳媒，謹慎地爭取曝顯機會。

為什麼用「曝顯」一詞，而不用「曝光」？是要提醒你，運用傳媒時需慎重規劃，曝光的目的必然是為了突顯什麼，倘若沒有什麼值得突顯的內容，可別有勇無謀地只求曝光卻不計後果，恐遭傳媒反噬。

至於談到社會參與，我真的不想輕描淡寫一語帶過，佯裝沒事。每次碰觸這議題，心裡感觸忒深。尤其近年積極投入 CSR 或 ESG 的企業日漸增多，實現了「獲利後回饋」式的有限社會責任，但關於企業「掠奪式獲利」對社會造成的傷害，如市場寡佔、價格壟斷、聯合行為等，則未見收斂且乏人反省。

部份沒把消費者放在眼裡的企業一邊實質掠奪，另一邊忙著靠少量的利潤回饋取得贖罪券。站在品牌的制高點看，不正是邊圈粉邊掉粉嗎？基於寡佔壟斷牟取高利的企業，讓消費者有相對被剝奪感，即便消極投入社會公益，亦無法彌補對社會公義的戕害，再怎麼買贖罪券都難掩實際上欠缺社會參與的誠意。

想深化品牌形象的企業，尤其是享有市場優勢的跨國企業，真的該正確解讀何謂社會參與。

資本不見得是品牌的本錢

　　我聽過很多人抱怨台灣兩大外送平台。兩大在本地市場成功堅壁清野後，給了消費者非 A 即 B 的寡佔選擇，之後祭出的某些行銷花招實質上有損客戶利益，例如客戶的棄單規定嚴苛，但平台接單後往往以找不到外送員為由，讓客戶一等再等，等到心浮氣躁，想棄單又不敢；例如客戶若不願加價優先送，往往看著拿到餐的外送員繞一圈先送餐給另一個用加價的客戶，形同客戶在競標外送員。

　　種種行銷花招在寡佔地掩護下，令客戶鬱悶氣結卻莫可奈何。我認為，不斷花巨資投放廣告的兩大，在許多像我這樣注重公平交易的消費者心中，印象帳戶的負債應該不低吧。

　　外送是個關係複雜的四方交易模式，平台、店家、外送員、消費者的多方交易關係，既不均衡，也沒有相互制衡，因為平台掌握遊戲規則制定權。外送員是典型的勞力活，自備交通工具，外加出行風險。供餐店家幹的是專業活，代價是平台 35% 的高額抽成，使得店家普遍使用最簡單的轉嫁方法，讓消費者成為馬雲口中「羊毛出在狗身上，由豬買單」的買單者。

由外送平台單方掌控市場遊戲規則，有違社會正義（Social Justice）。但從平台立場，平台要靠不斷投送品牌印象、維護系統、投資行銷傳播才能營運，都要花錢。有願意花大錢營運的平台，才有賺得到錢的外送員，才有疫情期間賣得出餐點的店家，才有動動手指就能滿足口腹的消費者，太公平了啊！平台可能認為，像我這種對社會正義固執己見的人，如果看平台不爽，「那歡迎你進入市場，來做模範啊！」。

　　問題的核心來了。通常懷抱理想或標舉正義感的人，根本玩不起現代市場競爭這一套資本遊戲。懷抱滿手資本、充滿逐利慾望的人，才是市場競爭的贏家，才有資格制定遊戲規則。

　　因此，我們看到還在賠錢的跨國企業，竟然反向操作，灑下大筆金錢拓通路、買專利、請代言、玩併購、用媒體、砸廣告。資本就是要用來花的啊，束手綁腳的不敢花錢，根本不是資本主義的信徒。沒有投資，沒有報酬，這正是投資報酬的真正涵義。

　　也因此，我們看到跨國外送平台的三階段發展策略。首先第一階段，投資、多投資、更多投資，讓自己在合作店家、外送員、系統、App、知名度、好感度、媒體影響力，方方面面築起難以攀越的高牆，本土業者在資本有限，以及資本運用觀念保守的情況下，無能跟進，只能望之興嘆。

　　第二階段，大手筆促銷，吸收更多合作店家，以及吸引更多客戶。當然，給外送員的報酬也名目眾多。總之，讓利絕不手

軟，要讓到客戶黏著，要讓到店家交心，要讓到本地競品會怕。回想幾年前蝦皮初來台灣，用豪奢的讓利手段打趴本地電商平台，其大手筆資本支出的氣魄，本土業者真的還沒來得及領悟，就慘遭掠奪。人家視資本為武器，而非必須死守緊抱的老本，遠非台灣業者能及。

第三階段，當同類型本土競爭者或丟兵棄甲，或轉型物流配送與代購，以避其鋒，同時消費者已經習慣只看見兩大，這兩大的寡佔優勢形成後，合作店家再怎麼抱怨抽成太高，外送員再怎麼抱怨無法賺取合理報酬，消費者再怎麼抱怨遭到不友善對待，平台業者何必要積極回應？因為人家投入如此巨大的資本，建立起有利於己的遊戲規則，是該堅持獲利回報的時候了。

所謂投資報酬，真實意義是：投資，不一定有報酬；敢投資，有一定的報酬；敢大投資，必定享有掠奪式的報酬！資本主義，就這麼回事。

不管你喜歡或討厭馬克斯，他在《資本論》一書中寫的：「資本來到世界上，從頭到腳，每個毛孔都滴著血和骯髒的東西。」雖嫌偏執過激，但的確有些道理。

認真考慮當個社會參與型企業

鑒於歐美跨國企業過度操弄資本對品牌的傷害，輕視社會參

與的台灣企業應引以為戒，別錯誤解讀社會參與的意義，停止那些讓消費者有被掠奪感的行徑，如明著小幅調漲價格，暗著大幅縮小產品的兩面獲利手法；如一面拒絕投資廢水回收設備，一面花錢美化河岸的矛盾舉措；如公開用熱心公益包裝自己，私下趁著換產品包裝的機會調漲售價。

尤其不要把社會公益當作社會參與，公益是「取之於社會，用之於社會」，參與則是將企業治理延伸到社會，誠心地視企業為社會的命運共同體，並誠意地服務消費者。

企業主何妨抱持一點理想主義情懷，甚至沾染一絲社會主義色彩，當個善待社會的資本家，把社會參與納入經營目標，用同理心對待消費者。

我說的社會參與型企業，跟社會企業（Social Enterprise）不同，社企是為了解決特定社會議題而設立，其存在意義跟欲解決的議題緊密連動，例如透過群眾募資成立的鮮乳坊，初衷就是為替酪農爭取合理利潤、打破既有產銷結構。社企通常因議題導向窄化了商業範疇，制約了事業發展的更多可能，很難形成主流。

社會參與型企業跟 B 型企業（Benefit Corporation）也不同，B 型企業自有一套嚴格的認證程序，從申請、BIA 評估到取得認證，固然有標準作業流程的優點，但有 SOP 就有限制，有評比就有模板，更有逐名爭譽的缺點。就像 ESG 永續報告書、ISO 認證、上市櫃公司年報等，進入 SOP 的企業要專人經辦並照表操

課，求助於因 SOP 而興的專門業者輔導代辦，難免流於形式。

話說回來，這些針對企業責任或共利經營的評估，縱使各有非主流或形式化的問題，但不影響它們的價值。然而，我會期望台灣企業能夠不受制約地、沒有認證壓力地、自動自發地、心甘情願地把「善待社會，參與改變」這八個字列入經營理念，並透過職務描述和 KPI（Key Performance Indicators 關鍵績效指標），檢視內部執行成果。

善待社會，看來抽象，其實社會參與的核心思考還是放在人的身上，並旁及人生活的小環境，至於大環境因素如空污、環保、氣候變遷已經有太多團體組織在倡議推動，不勞錦上添花。換言之，善待社會的白話說法就是企業願意用善意對待消費者。

進一步來拆解「社會參與」的字眼。人生活的小環境就是社會，企業盡一己之力，讓人能當個愉快顧客，讓社會減少弱勢消費者，就算參與了一件好事，就算做社會參與型企業。

明白地說，社會參與跟良心企業幾乎是同義異字。只是良心二字好惡強烈，會給企業難以承受之重。

社會參與的重點在於，企業要用可以自我決定的產品質控以及定價權，在計算商業利益時也能讓利給消費者，企業等於實質參與了社會的公平正義。有日本經營之聖稱號的稻盛和夫，秉持以利他精神運營事業，他念茲在茲的從來並非爭逐了多少市佔率，而是做了多少有利於社會大眾的事，他每天晚上反躬自省

「是否浮現了利己的念頭？」如果有，就自打臉以提醒自己切勿陷入狹隘的利己思惟，要用利他擘劃經營。

像這樣講，是不是很不抽象，而且很符合社會中下階層民眾的嚮往。我承認，嗅得到社會主義的特殊味道，但如果你認同台灣經濟長期處在轉型難產的困境，社會階層出現上下分離（上層繼續往上，中層持續滯留，下層愈加沉落）的焦慮，你應該同意，資源充裕的企業真的不該只關注正負兩度 C、綠能減碳、幸福企業，或是那份永續報告書，卻忽視社會公平正義的永續。而資源有限的企業應把注意力由慈善公益轉移一些到公平正義，從供應端反省少做了什麼有利消費者的事、多做了哪些圖利自己的事？一樣在做好事，若能兼顧慈善和公平正義，即可有感的社會參與，其效果必能月暈到品牌上。

「莫因善小而不為，莫因惡小而為之」，誠哉斯言。例如麵包不要一直朝精緻高價發展，也能提供樸實廉價的選擇；例如當政府無能管理物價時，各產業、商業工會能夠自訂合理的漲跌指標；例如外送平台應重新規範四方交易關係，給客戶合理的棄單權，給外送員合理的待遇。社會參與的目標都是企業做得到的事情，只是沒有 SOP，無須認證，不必第三方輔導代辦，當然也沒有頒獎典禮。

社會參與型企業的獎盃是無形的，寄存在大眾心中，每次經由消費者接觸所經驗到的參與細節，如同在印象片段掛上勳章，

穿透印象、直達心象。

　　那些邊圈粉邊掉粉、急著買贖罪券的品牌，可比喻成替血管
裝上支架的高血脂患者，若不思如何防止膽固醇黏附在血管壁，
一味增設支架，終究還是有爆血管的風險。趁著追求品牌力深
化，減少吞食膽固醇，也就是降低從社會收割的不當獲利，正本
適足以清源，才夠格高談永續經營。

品牌永續，開始動手！

看完整本書，辛苦你了。趁著記憶猶新，請針對你企業的品牌或你個人品牌，試試依照做品牌的八步驟，規劃出「品牌計畫」的大致方向：

1. 管理印象帳戶
2. 挖出品牌脆弱點
3. 確認真實象位
4. 建立品牌管理系統

5. 品牌力評鑑
6. 慎選建構通道
7. 從產品提煉成見
8. 撰寫品牌化計畫

訂購天下雜誌圖書的四種辦法：

◎ 天下網路書店線上訂購：shop.cwbook.com.tw
　會員獨享：
　1. 購書優惠價
　2. 便利購書、配送到府服務
　3. 定期新書資訊、天下雜誌網路群活動通知

◎ 在「書香花園」選購：
　請至本公司專屬書店「書香花園」選購
　地址：台北市建國北路二段 6 巷 11 號
　電話：（02）2506 － 1635
　服務時間：週一至週五　上午 8：30 至晚上 9：00

◎ 到書店選購：
　請到全省各大連鎖書店及數百家書店選購

◎ 函購：
　請以郵政劃撥、匯票、即期支票或現金袋，到郵局函購
　天下雜誌劃撥帳戶：01895001 天下雜誌股份有限公司

＊ 優惠辦法：天下雜誌 GROUP 訂戶函購 8 折，一般讀者函購 9 折
＊ 讀者服務專線：（02）2662-0332（週一至週五上午 9：00 至下午 5：30）

國家圖書館出版品預行編目（CIP）資料

品牌大學問：打造創品牌、養品牌、管品牌的實戰
力，贏得超額品牌紅利／黃文博著．-- 第一版．-- 臺
北市：天下雜誌股份有限公司，2023.04
320 面；14.8×21 公分．--（天下財經；498）
ISBN 978-986-398-884-7（平裝）

1. CST：品牌　2. CST：品牌行銷

496　　　　　　　　　　　　　　　112004416

天下財經 498

品牌大學問：

打造創品牌、養品牌、管品牌的實戰力，贏得超額品牌紅利

作　　者／黃文博
封面設計及流程圖電腦繪製／跨越設計曾定鈞
內頁排版／中原造像股份有限公司
責任編輯／方沛晶、張齊方

天下雜誌群創辦人／殷允芃
天下雜誌董事長／吳迎春
出版部總編輯／吳韻儀
出　版　者／天下雜誌股份有限公司
地　　　址／台北市 104 南京東路二段 139 號 11 樓
讀者服務／（02）2662-0332　傳真／（02）2662-6048
天下雜誌 GROUP 網址／ www.cw.com.tw
劃撥帳號／ 01895001 天下雜誌股份有限公司
法律顧問／台英國際商務法律事務所・羅明通律師
印刷製版／中原造像股份有限公司
裝　訂　廠／中原造像股份有限公司
總　經　銷／大和圖書有限公司　電話／（02）8990-2588
出版日期／ 2023 年 4 月 27 日　第一版第一次印行
　　　　　　2023 年 5 月 25 日　第一版第三次印行
定　　　價／ 500 元

書號：BCCF0498P
ISBN：978-986-398-884-7（平裝）

直營門市書香花園 地址／台北市建國北路二段 6 巷 11 號　　電話／（02）2506-1635
天下網路書店　shop.cwbook.com.tw
天下雜誌我讀網　books.cw.com.tw/
天下讀者俱樂部 Facebook　www.facebook.com/cwbookclub